Pythonで学ぶ AI開発入門

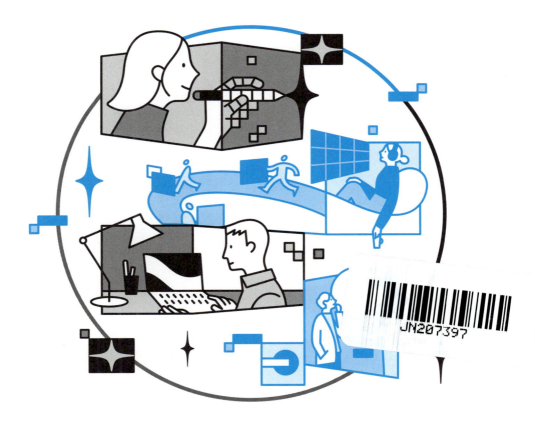

ライブラリを活用したAIの作り方

飯尾 淳 著

■本書情報および正誤表のWebページ
正誤表を掲載した場合、以下の本書情報ページに表示されます。
https://books.mdn.co.jp/books/3223303064/

※ 本文中に登場する会社名、製品名、サービス名は、各社の登録商標または商標です。
※ 本書の内容は原稿執筆時点のものです。本書で紹介した製品／サービスなどの名前や
　 内容は変更される可能性があります。
※ 本書の内容に基づく実施・運用において発生したいかなる損害も、著者、ならびに株式
　 会社エムディエヌコーポレーションは一切の責任を負いません。
※ 本文中では ®、TM、© マークは明記しておりません。

まえがき

　人工知能（Artificial Intelligence、AI）の話題を聞かない日がないくらい、現在はAIの進化が急激な発展を遂げています。AIを応用したサービスはいまや当たり前のものとなりました。皆さんも知らず知らずのうちにAIの恩恵を受けていることでしょう。

　しかし、AIを活用したシステムがどのように構築されているのか、またそれをどのように作り出すのかについて、具体的に理解している技術者は多くありません。本書は、そんなAI応用システムを開発するための基本的なプログラミングスキルを身につけ、実際にAIを活用したシステム作成の面白さを感じてもらうことを目的としています。

　理論的な背景の理解や数学を駆使してAIシステムの動作原理を学ぶことも大切ですが、それはAIそのものを開発する技術者に任せ、初学者としては、AIを応用したシステムを簡単に作れるようになることが最初のステップとして適切です。幸いにして、既存のフレームワークやライブラリを用いると、比較的単純なプログラミングでAIを応用したシステムを作れます。それにはプログラミングを体験しながら学習を進めることが重要です。実際に手を動かして学ぶことで、深く理解できます。

　AIを使ったプログラミングやシステム開発には、無限の可能性があります。皆さんが興味を持つ分野にAIを応用させたシステムを作り出せれば、実際に社会に役立つアプリケーション開発の楽しさを感じ、さらには、達成感を得ることもできるでしょう。

　本書で解説するプログラミングにはPythonを用います。Pythonは、そのライブラリの多さからAI開発において非常に人気のあるプログラミング言語です。さらに、Jupyter Notebookというブラウザ上で対話的にプログラミングできる環境が開発され、簡単に試せることも人気を支えている理由の1つといえるでしょう。本書では、GoogleがサポートしているGoogle Colaboratoryという同様の環境を用いて学習します。

CHAPTER1では、AI開発の基礎やPythonについて学びます。Pythonプログラミングに関しては、プログラミングの基礎的な約束事、すなわち、変数や配列といったプログラミングにおけるデータの取り扱いや演算子の性質、あるいはifやforなどの制御構文などはすでに理解していることを前提とします。そのうえで、ライブラリの取り扱いについて、少し念入りに説明を加えます。CHAPTER2以降で、AIプログラミングに向けた各種のライブラリを使用して解説します。

CHAPTER2では、scikit-learnを用いてAIの基礎、機械学習とはなにかについて学びます。現在のAIは、統計学に基礎を置く考え方に基づいて構成されています。その基礎的な概念として、判別器やクラスタリング、回帰といったAIアルゴリズムの基礎的な概念を説明します。さらに、SVMや次元削減の例など具体的な処理手順を扱います。

CHAPTER3は、代表的なAIライブラリの1つであるPyTorchを紹介します。AIプログラミングの入門的な教材であるMNISTの手書き文字認識を題材として、その処理能力を確認します。さらにもう少し複雑かつ面白い応用例として、TorchVisionを用いた領域セグメンテーションのプログラムに挑戦します。歩行者が写っている画像を対象として、歩行者部分を抽出する領域セグメンテーションを行うプログラムについて解説します。

CHAPTER4では、TensorFlowを紹介します。CHAPTER3で紹介したMNISTの手書き文字認識を、TensorFlowではどう実現するかについて説明し、さらにリカレントニューラルネットワーク（RNN）の応用例として、映画のレビューコメントに関する感性判別、そのコメントがポジティブなものかネガティブなものかを判断する判別器を作ります。

レビューコメントの処理は、自然言語処理の一種です。自然言語処理といえば、最近注目されているのは生成AIを用いた対話システムでしょう。CHAPTER5では、その応用として、RAGと呼ばれる精度を高める工夫を加えたシステムの構築を紹介します。生成AIはその原理からどうしてもハルシネーション（的外れな結果を出力する現象）が発生する問題を抱えていますが、RAGを用いることでハルシネーションを抑制し、少しでも実用に耐え得る対話システムの構築を目指します。

最後のCHAPTER6では、用途に特化したAI応用ライブラリの具体的な利用例をいくつか紹介します。MediaPipeの顔認識、YOLOを用いた物体追跡、Py-Featによる表情推定といったライブラリの具体的な使い方を紹介し、その応用事例を解説します。

*

本書を読み進め、実際に手を動かしながらその動作を一つひとつ確認すれば、Pythonを用いたAIプログラミングの基礎を確実に身につけられるでしょう。ですが、あくまでAIプログラミングの端緒を紹介するにすぎません。本書を読み、簡単なプログラミングを試してみて、とにかくその面白さに触れてほしいのです。その面白さ、AIプログラミング開発の楽しさをさらに究めていくには、紹介するいくつかのフレームワークのなかから気に入ったものを選んで、専門書に進んでいくとよいでしょう。

本書で紹介したライブラリ以外にも、AIシステムを実現するフレームワークや各種のAI応用ライブラリは多数のものが提案されています。ライブラリの使い方だけでなくAIの基本的な概念の基礎も随所で解説しているので、本書を最後まで読めば、紹介しなかったAIライブラリも、チュートリアルや解説を読めばすぐに使えるようになるでしょう。

それでは、用意はいいですか？ Pythonを用いたAIプログラミングを始めましょう！

飯尾 淳

CONTENTS

本書の使い方 ……………………………………………………… xii

CHAPTER 1　AIプログラミングを始めよう

01　AIとは ……………………………………………………… 002
- 1.1.1　昨今の人工知能 …………………………………… 002
- 1.1.2　人工知能の種類 …………………………………… 003

02　AI開発の概要 …………………………………………… 005
- 1.2.1　AIの概念 …………………………………………… 005
- 1.2.2　モデルの作成と利用 ……………………………… 006
- 1.2.3　データの作成 ……………………………………… 007
- 1.2.4　AI開発の実際 ……………………………………… 009
- COLUMN　AIの進化と新たな課題 …………………… 010

03　Pythonの実行環境 …………………………………… 012
- 1.3.1　Pythonコマンド ………………………………… 012
- 1.3.2　バージョン管理の必要性 ………………………… 013
- 1.3.3　仮想環境の活用 …………………………………… 015
- 1.3.4　ノートブック ……………………………………… 016

04　Google Colaboratoryの利用 ……………………… 018
- 1.4.1　Colaboratoryのセットアップ ………………… 018
- 1.4.2　ファイルの作成と名前の変更 …………………… 022
- 1.4.3　パッケージのインストール ……………………… 024
- 1.4.4　説明の追記とプログラムの試行 ………………… 026
- 1.4.5　データへのアクセス ……………………………… 030
- 1.4.6　データ共有時の注意 ……………………………… 033
- COLUMN　クラウドコンピューティング ……………… 027
- 　　　　　Python以外の利用法 ……………………… 035
- 　　　　　Geminiの活用 ……………………………… 036

05　ライブラリの利用 ……………………………………… 037
- 1.5.1　Pythonのライブラリ …………………………… 037
- 1.5.2　パッケージのインストール ……………………… 039

vi　CONTENTS

| 1.5.3 | プログラム内での利用 | 041 |

| 1.5.4 | 基礎的なライブラリ | 044 |

COLUMN 名前の衝突でよくやるミスに注意 043

CHAPTER1のまとめ 048

CHAPTER 2 scikit-learnで学ぶ機械学習の基礎

01 scikit-learnでできること 050

2.1.1 分類（クラス分類） 050

2.1.2 回帰（予測） 052

2.1.3 クラスタリング 053

2.1.4 次元削減 054

2.1.5 モデル選択と前処理 055

COLUMN TWtrends 056

02 どのアルゴリズムを選ぶべきか 058

2.2.1 処理の選択 058

2.2.2 分類アルゴリズムの選択 059

2.2.3 クラスタリングアルゴリズムの選択 060

2.2.4 回帰アルゴリズムの選択 061

2.2.5 次元削減アルゴリズムの選択 062

COLUMN アルゴリズムの選択 063

03 scikit-learn はじめの一歩 064

2.3.1 モデルのフィッティング 064

2.3.2 データ変換と前処理 066

2.3.3 パイプライン処理 067

2.3.4 モデルの評価 069

2.3.5 パラメータの自動検索 070

COLUMN 有名なデータセット 072

04 scikit-learnの応用例 073

2.4.1 iris データセット 073

2.4.2 サポートベクトルマシン 076

vii

CONTENTS

2.4.3	線形SVMによる分類	077
2.4.4	PCAを用いた次元削減	078
2.4.5	非線形SVM（カーネル法）	080
2.4.6	SVMによる分類の実際（線形SVM）	082
2.4.7	SVMによる分類の実際（非線形SVM）	085
COLUMN	パラメータの調整と過学習	089

CHAPTER2のまとめ ……………………………………… 090

CHAPTER 3　PyTorchを使った画像認識

01 PyTorch入門 ……………………………………………… 092

3.1.1	PyTorchとは	092
3.1.2	PyTorchを触ってみよう	093
3.1.3	データの準備	094
3.1.4	データの確認	096

02 画像認識と画像識別、その応用 …………………………… 098

3.2.1	画像認識と物体認識	098
3.2.2	画像識別と認証	099
3.2.3	応用例	100
COLUMN	自動運転は運転の喜びを奪うのか？	102

03 PyTorchによる文字認識プログラム ……………………… 103

3.3.1	学習データと検証データの用意	103
3.3.2	ニューラルネットワークのモデル	104
3.3.3	学習の準備	107
3.3.4	モデルの学習	109
3.3.5	学習効果の確認	111
3.3.6	自前の画像で確認	112
COLUMN	正確性の幻想	115

04 TorchVisionによるセグメンテーション …………………… 116

3.4.1	実行環境の準備	116
3.4.2	データセットの準備	117

3.4.3	データの確認	118
3.4.4	データハンドリングクラスの定義	120
3.4.5	モデルの定義	122
3.4.6	補助コードの導入	123
3.4.7	追加学習実施のための準備	124
3.4.8	学習効果の確認	126

CHAPTER3 のまとめ 130

CHAPTER 4　TensorFlow による画像認識&テキスト解析

01 TensorFlow 入門 132

4.1.1	TensorFlow と Keras	132
4.1.2	データセットの準備	134
4.1.3	機械学習モデルの作成	136
4.1.4	活性化関数とドロップアウト層	139
4.1.5	モデル学習のための準備	141
4.1.6	モデルの学習と評価	143
COLUMN	有効数字と誤差	146

02 テキストデータの処理 147

4.2.1	映画レビューのデータセット	147
4.2.2	データの準備	150
4.2.3	テキストエンコーダ	153
4.2.4	テキストエンコーダの動作の詳細	156
COLUMN	映画ポスターの感性評価	149
	英語以外のテキスト分析	154

03 RNN の利用 158

4.3.1	モデルの構築	158
4.3.2	双方向RNN	159
4.3.3	モデルの学習	160
4.3.4	学習の効果確認	162
4.3.5	さらなる改良	165

CONTENTS

4.3.6 改良版モデルの性能評価	167
4.3.7 判別器の動作確認	169

CHAPTER4 のまとめ 170

CHAPTER 5　LLMを活用した言語生成AI

01 Retrieval Augmented Generation（RAG） 172
　5.1.1 RAGとはなにか 172
　5.1.2 LangChain 174
　5.1.3 Ollama 175
　5.1.4 Ollamaの使い方 177
　5.1.5 そのほかのツール 180
　COLUMN 生成AIでプログラマーは不要になるのか 181
02 RAG 実装の準備 183
　5.2.1 ランタイムの準備 183
　5.2.2 Ollama サーバーのインストールと起動 184
　5.2.3 Ollama の利用 185
03 RAG の実装 189
　5.3.1 専門知識に関する質問 189
　5.3.2 専門知識の追加 190
　5.3.3 RAG の完成 193
　5.3.4 実行結果 195
　COLUMN 人間のテキスト処理とタイポグリセミア 196
　　　ChatGPT がいくら進化しようとも 197

CHAPTER5 のまとめ 198

CHAPTER 6 さまざまなライブラリ

01 MediaPipe を用いた顔認識 200
- 6.1.1 MediaPipe とは 200
- 6.1.2 顔認識の準備 202
- 6.1.3 MediaPipe で遊んでみよう 203
- 6.1.4 顔ハメ・ゲーム 206
- 6.1.5 顔ハメ・プログラムの解説 210
- COLUMN 透明ディスプレイを用いたバーチャル顔ハメ 217

02 YOLO を用いた物体認識 218
- 6.2.1 YOLO とは 218
- 6.2.2 まずは使ってみよう 220
- 6.2.3 処理の結果 223
- 6.2.4 認識結果の確認 228
- 6.2.5 トラッキングを用いた検出精度の向上 230
- COLUMN 物体追跡の難しさ 232

03 Py-Feat による表情の推定 233
- 6.3.1 Py-Feat とは 233
- 6.3.2 Py-Feat 応用の準備 237
- 6.3.3 フレームの切り出し 239
- 6.3.4 顔の認識と表情の推定 241
- 6.3.5 参加者ごとの分析 246
- COLUMN AIST の顔表情データベース 236
- 表情の分析の使い道 252
- AI学習と数学 253

CHPATER6 のまとめ 254

あとがき 255
AI関連用語集 256
参考文献 264
INDEX 267
著者プロフィール 273

本書の使い方

本書はAI開発に欠かせないAIライブラリを活用し、AIプログラミングをし動作させる方法を解説した書籍です。Pythonの基礎をマスターし、「次はAI開発に挑戦したい」方を対象にしています。

本書の紙面構成

本書の紙面は次のように構成されています。

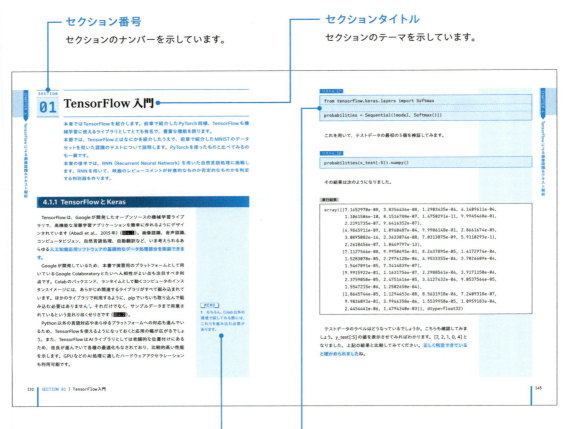

側注

MEMO
補足の解説、および軽い注釈を掲載しています。

用語
解説文中に出てきた用語を解説しています。

URL
文中で言及した情報のURLを掲載しています。

リスト

点線は改行を表します。点線が入っていない箇所は、紙面の都合で折り返していますが、実際には1行で記載されていることを表しています。

サンプルデータのダウンロード

本書のサンプルデータは次のURLよりダウンロードできます。

https://books.mdn.co.jp/down/3223303064/

- ダウンロードしたファイルはZIP形式で保存されています
- Windows、Macそれぞれの展開ソフトを使って圧縮ファイルを展開してください
- サンプルファイルには「はじめにお読みください.html」ファイルが同梱されていますので、ご使用の前に必ずお読みください。

サンプルデータの内容

ダウンロードしたファイルを展開すると各CHAPTER内に各セクションのフォルダが設置されています。セクションのフォルダの中には次のようなデータが収録されています。

ファイル

解説内で使用しているGoogle Colaboratory保存ファイル、ローカルで動作させる場合のプログラムを記述したpyファイル、その他データファイルなどを収録しています。

入力コード

紙面に掲載している入力コードをテキストファイルで収録しています。ここからコピー&ペーストしてご利用いただけます。

Google Colaboratory保存ファイルの使用方法

1

Google Colaboratory（https://colab.research.google.com/）を開いた状態で、メニューから［ファイル→ノートブックをアップロード］をクリックします。

xiii

2 拡張子が「.ipynb」のファイルをドラッグ＆ドロップします。

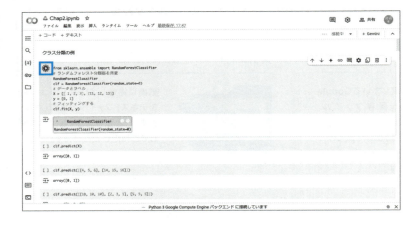

3 コードが入力された状態のファイルが開きます。[▶]をクリックするとコードを実行できます。

サンプルデータに関するご注意

- 弊社Webサイトからダウンロードできるサンプルデータは、本書の解説内容をご理解いただくために、ご自身で試される場合にのみ使用できる参照用データです。その他の用途での使用や配布などは一切できませんので、あらかじめご了承ください。
- 弊社Webサイトからダウンロードできるサンプルデータの著作権は、それぞれの制作者に帰属します。
- 弊社Webサイトからダウンロードできるサンプルデータを実行した結果については、著者および株式会社エムディエヌコーポレーションは一切の責任を負いかねます。お客様の責任においてご利用ください。
- 本書に掲載されているコードの改行位置などは、紙面掲載用として加工していることがあります。ダウンロードしたサンプルデータとは異なる場合がありますので、あらかじめご了承ください。

CHAPTER

1

AIプログラミングを始めよう

Pythonが注目を浴びている理由の1つに、人工知能（Artificial Intelligence、AI）のプログラミングで広く利用されている、AIプログラミングが比較的簡単にできる、というものがあります。Pythonには、AIの機能を実現するライブラリが、さまざまなコミュニティから多数提供されているからです。

本章ではまず、次章以降で必要になる人工知能の基礎、機械学習の基礎について、簡単に説明をします。後半では、Pythonプログラムの実行環境について説明し、次章以降で活用するGoogle Colaboratoryを紹介します。また、ライブラリとはなにか、ライブラリの利用について解説します。本章を読んで、まずはAIプログラミングへの足固めをしておきましょう。

SECTION 01 AIとは

AIのプログラミングを始める前に、いまのAIとはどんなものかをごく簡単におさらいしておきましょう。一口にAIを作るといっても、さまざまな種類があります。詳しくは次章以降で作りながら学んでいくことにしますが、まずは簡単にざっと説明をしておきます。

1.1.1 昨今の人工知能

次世代の社会は、超スマート社会、Society 5.0[1]といわれています（内閣府、2016年）。人工知能（Artificial Intelligence、AI）は、超スマート社会を支える技術の中心に位置付けられています。生活を見回してみると、明に暗に、さまざまなサービスがAIの恩恵を受けて実現されています。

AIと聞いて、皆さんはなにを思い浮かべるでしょうか。パソコンに話しかけると答えてくれるサービスでしょうか。対話型のチャット形式でテキストをやり取りするAIエージェントと呼ばれるものも普及していますね。文章や画像、音楽や動画を生成するAIも近年はたくさん利用されています。

> **MEMO**
> [1] 狩猟社会、農耕社会、工業社会、情報社会に続く超スマート社会が第五世代の社会、すなわちSociety 5.0ということだそうです。

図1.1 人工知能ブームの変遷

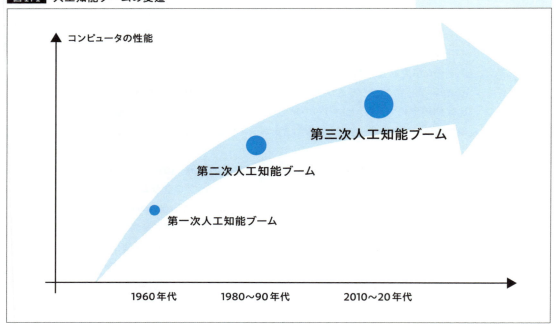

現在におけるAIの流行は、第三次人工知能ブーム（総務省、2016年）と呼ばれています（**図1.1**）。第一次はコンピュータの黎明期にすでに、コンピュータの応用例として人工的な知能の作成が議論されていたことを指します。第二次人工知能ブームは1980年から90年代にかけてのAI研究開発が行われていた時期で、本書でも多数扱うニューラルネットワークの基礎はそのころに発明されました。

当時と比較するとコンピュータの性能が圧倒的に進化したので、いまのAIはとても複雑な処理を実現できるようになっています。逆説的にいえば、そこまで複雑な仕組みを作れるようになってはじめて、おもちゃレベルではない、人の役に立つようなAIを作れるようになった、ともいえます。

一方で、AIが一般化したために、それまでには考えられなかった倫理的な課題も浮かび上がるようになりました（田中、2023年）。すなわち、AIを実現するために利用した元データの著作権はどう考えるべきかという課題や、ハルシネーション（幻惑）と呼ばれる「一見それっぽいがまったく的外れな出力」をきちんと人間が判断できるかといった問題、あるいはフェイクニュースやフェイク画像といったAIの悪用に対する対応などです。

本書ではそれらの課題に関する解決策の議論などは行いませんが、AIの原理をきちんと理解して、「単なる機械的な計算に基づく出力であり、それ以上のものではない」という事実をしっかりと理解して、判断できるようになっておくことが必要でしょう。

1.1.2　人工知能の種類

第二次人工知能ブームの際に「ニューラルネットワーク」と呼ばれる仕組みが考え出されました。それまでの人工知能は、論理を組み合わせて判断するような仕組みが中心的であり、「エキスパートシステム」と呼ばれるようなAIが提案されていました。

このような論理学に基づくAIが廃れたわけではなく、論理の組み合わせにより正しい判断を導く仕掛けはいまでも重要です。しかし、現在のAIは、大量のデータが用意されていることを前提とし、統計的な原理を踏まえて実現されているものが主流です。

統計的なAIとはどういうことでしょうか。簡単に表現すると「みんなの意見はたいがい正しい」という原理です。すなわち、統計的な情報に基づき最も正しそうなものを出力する、という原理に従っています。

AI的な処理にはどのようなものがあるのかはおいおい説明していきますが、ざっくり分けると「教師あり学習」と「教師なし学習」と呼ばれるグループに分かれます。教師あり学習とは、あらかじめ正解が付加されているような大量のデータを用意し、それを用いてモデルを学習させるというものです。

　他方、教師なし学習は、大量のデータを用いて学習させるという点では同じですが、学習データに、ラベルや教師データが用意されていません。つまり、教師データを用いて学習させるか否かが大きな違いです。

　教師データ、ラベル付きのデータで学習させる、と一言で説明するのは簡単です。しかし、実際に自らデータを用意してそれをやろうとすると、かなり難しいことがわかります。そのようなことも本書では順を追って説明します。

図1.2 教師あり学習と教師なし学習

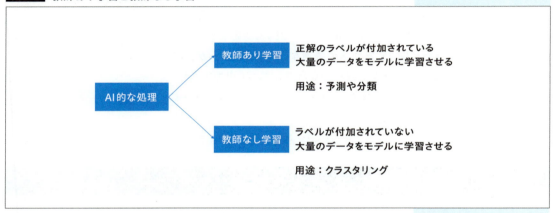

SECTION 02 AI開発の概要

では、AIを用いたシステム開発、あるいはAIを応用したサービス開発の流れについて説明していきましょう。AIのエンジン部分をスクラッチ[2]から作るのは現実的ではありません。現在のAIにおけるデータ処理部分は非常に高度化されているので、既存のものと同等の性能を出すプログラムをゼロから作るのは至難の業です。

既存のプログラム部品（ライブラリ）を利用してプログラムを実装する方法は次章以降に譲り、ここでは開発の流れを大まかに説明します。

1.2.1 AIの概念

ところで、改めてAIとはなんなのかを考えてみましょう。ざっくりと断言してしまうと「AIとは判断する機械である」としてよいでしょう。目的を達成するために、なにがしかの入力を受け取り、内部に蓄積されたなんらかの仕掛けによって、なにがしかの出力を自動的に生成する、といった機械です（図1.3）。

用語
[2] 白紙の状態から開発すること。

図1.3 最も単純化したAIの概念モデル

たとえば自動運転であれば、その場その場での状況、自車のスピードや環境の様子、前方の進路を写した画像になにが含まれているか、他車との距離はどうかなど、さまざまな情報を加味して、次に自車をどうコントロールするかをリアルタイムかつ逐次的に出力し続けることによって、ゴール（目的地）に安全かつ効率的に到達するという目的を達成します。

生成AIを利用した対話エージェントであれば、ユーザが入力した文章やプロンプトに基づいて、それらから導かれる最適な回答を生成して提示

します。ここで気をつけておかねばならないのは、内部の仕掛けは統計的な処理に基づくものであって、人間の思考のメカニズムとはまったく異なる理屈によって出力が生成されているということです。

　大まかに考えるとAIとはこのようなモデルで扱えます。もう少し詳細に分類すると、AIは**クラス分けをするような判別器と、回帰予測を行うような予測器に分けて考えることができる**でしょう。たとえば、判別器であれば「画像のなかに含まれる物体はなにか」を問うものであったり、予測器であれば「株価の予測をしたり適切な文章を生成したり[3]」といったものが考えられます。なお、このあたりの詳細はCHAPTER2で扱います。

> **MEMO**
> [3]　生成AIも「ユーザの期待する出力を予測する」という意味では、予測器の一種と考えてもよいでしょう。

1.2.2 モデルの作成と利用

　AIとは判別器であると説明しました。ここで、分類したり予測したりといった判断の根拠として、知恵をつけなければなりません。それこそが、AIの「学習」と呼ばれる作業です。また、学習させるためのフレームワークとして「モデル」があります。学習した結果、調整された内部のデータそのもののことをモデルと呼ぶこともあります。

　さまざまなアプリにおけるAIの利用は、判別器を作成してアプリに組み込むことで実現されます。**AI開発の流れは、判別器や予測器の作成と、大量の学習データを利用したモデルの生成に分けられます**（図1.4）。

図1.4 アプリケーションへのAIの組み込み

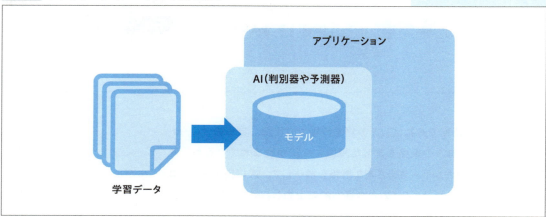

一般に、学習には大きなコストがかかります。大規模言語モデル（Large Language Model、LLM）のように巨大なモデルは気軽に学習させられません。そのため、既存のモデルを組み込み、利用するほうが多いでしょう。場合によっては、さらに微調整するファインチューニングと呼ばれる作業を加えることもあります。

これまでのAI研究による成果を受けて、現在、さまざまなAIの仕組みが提案されています。それらは高度な分類や予測ができるようになり、人間の生活の質を向上させるまでの品質で最適解を求められるようになってきました。しかし、それらのフレームワークやモデルは高度に複雑化されており、スクラッチから作り上げるのはもはや不可能といってもよいレベルです。

そこで、本書で説明するAIライブラリ[4]の活用が重要になってきます。AIとその応用はあらゆる業界で注目されているため、本書で紹介する以外にもさまざまなライブラリが提案されており、百花繚乱の様相をみせています。本書では代表的ないくつかのAIライブラリを紹介し、その使い方を説明します。

> **用語**
> **4** AIの情報処理を提供するプログラム部品です。ライブラリの利用については本章の後半で説明します。

1.2.3 データの作成

AIを学習させて適切な出力を得られるようにするには、「学習」という作業が必要であると説明しました。当然ですが、学習させるためには大量の学習データが必要です。

学習には教師データ（ラベル）が必要な教師あり学習と、教師データを必要としない教師なし学習、あるいはその中間的なものなど、いくつかの種類があります。いずれにしても適切なモデルを学習させるには、適切な学習データが必要です。

不適切な学習データで学習させると、不適切な結果を出力するようなモデルが生成されてしまうという点が懸念されていることにも注意が必要です。AIに限らず、コンピュータは「与えられたことを忠実にこなす」機械です。悪意のあるデータで学習させることで、不適切なAIが作られてしまう可能性は十分にあります。そのため、AI開発にはときとして倫理的な配慮が必要になることも理解しておきましょう（図1.5）。

さて、学習データを用意しなければならないということに関して、データには前処理が必要ということにも注意してください。一般的に、集められたデータは「きれい」ではありません。

図1.5 適切な学習と不適切な学習

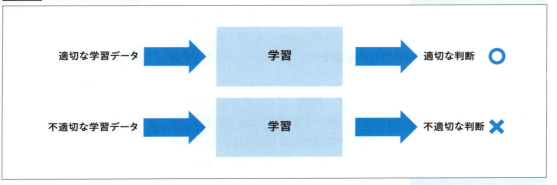

　データがきれいとは、欠損値がなかったり、異常値がなかったりという状況を表します。いつぞや、データ分析を生業にする、いわゆるデータサイエンティストと呼ばれる皆さんと座談会をしたときに、「データサイエンティストの仕事の9割以上はデータの前処理です」という魂の叫びを聞いたことがあります。水上を優雅に泳ぐ水鳥たちが、実は水面下では必死に足をかいているという状況を彷彿とさせますね。

　データの一部が欠けていると処理できない場合はよくあります。たとえば「重回帰分析」という統計処理がありますが、欠損値のあるデータに適用できません。そのようなケースでは、欠損値を含むデータをあらかじめ排除するか、前後の値から補完するなどの対応をしてから処理を行わねばなりません。

　異常値があるケースも同様です。アンケートのデータを処理するような場合、とくにオンラインで取得したアンケートは、ときとして異常値を含みます。ある研究の事例（木下ら、2022年）では約2,000件のデータを取得したにもかかわらず、その4分の3に相当する1,500件程度のデータしか信用に足るものではなかったとのことです。

　また、同じデータでありながら、表現が異なるというようなデータが発生することもあります。

　図1.6 を見てください。どちらも同じデータですが、丸で囲われた部分の表現が異なります。八王子市千人町の1丁目から4丁目まで、左側はアラビア数字で表現されており、右側では漢数字で表現されています。人間はこれらのデータを同一視できますが、コンピュータはそうはいきません。表現が異なると、それは違うデータとして扱います。これらを同一視させるためには、表現をどちらかに寄せなければなりません。そのような処理のことを「名寄せ」といいます。

図1.6 名寄せが必要になる例

dataA.csv	dataB.csv
name.age	name.age
八王子市横山町,43.64	八王子市横山町,43.64
八王子市八日町,39.8	八王子市八日町,39.8
八王子市八幡町,44.9	八王子市八幡町,44.9
八王子市八木町,44.31	八王子市八木町,44.31
八王子市追分町,48.34	八王子市追分町,48.34
八王子市千人町1丁目,45.36	八王子市千人町一丁目,45.36
八王子市千人町2丁目,41.91	八王子市千人町二丁目,41.91
八王子市千人町3丁目,44.97	八王子市千人町三丁目,44.97
八王子市千人町4丁目,44.39	八王子市千人町四丁目,44.39

出典：Iio, J. (2018). Lessons Learned from Data Preparation for Geographic Information Systems using Open Data, Open Sym2018, Proceedings of the 14th International Symposium on Open Collaboration, Article No. 1, Paris, France

　データの前処理を進めると同時に、教師あり学習の場合には、教師データ、それぞれのデータに与えるラベルも用意しなければなりません。この作業を「アノテーション」（「注釈」の意）といいます。

　教師データを半自動的に用意できる場合はよいのですが、人間が一つひとつラベルを付けていかねばならない場合、この作業もまた膨大なコストがかかります。なぜならば、一般的に学習データを大量に用意しなければならないからです。その際に教師データが存在しない場合、それらに対して教師データを用意する膨大な作業が発生します。アノテーション作業を行うためのツール[5]も多数提案されているので、効果的に利用するとよいでしょう。

> **MEMO**
>
> **5** たとえば、物体認識をする際に「それはなにか」を画像の領域を指定しながらラベル付けしていくようなツールなどです。

1.2.4 AI開発の実際

　用意しなければならないデータは学習データだけではありません。学習データのほかに、検証データやテストデータと呼ばれるデータを用意するのが一般的です。利用できるデータを学習データ、検証データ、テストデータに分割して対応します。学習データとテストデータに分ける場合もあります。

　先に説明したように、学習データはモデルを構築するために使われます。モデルが「ハイパーパラメータ」と呼ばれる調整できるパラメータを持つ

とき、検証データを用いてそのパラメータをいじって最適になるように調整します。

テストデータは構築したモデルを評価するために使います。学習データは「そのデータを用いたときに最適になるようなデータ」という位置付けです。その場合に注意しなければならないのは、「学習データに合いすぎたモデル」になることです。学習データに特化しすぎてしまうと、ほかのデータで評価したときにかえって性能が悪くなってしまうかもしれません。そのような状況を「過学習」と呼びます[6]。

さて、ここまで大まかにAIやAI開発の実際について説明してきました。ここからはより具体的に、プログラムのコードを用いながら説明をしていきます。

プログラミング言語はPythonを使います。なぜなら、Pythonを用いた多数のAIライブラリが提案されているからです。本書では、scikit-learn、PyTorch、TensorFlow、LlamaといったPythonで利用できるAIライブラリを紹介します。

いずれもチュートリアルで解説されているコードを紹介する程度ですが、「これは」と思ったものがあれば、それぞれ専門的に解説した文書や書籍を読んで学習を進めるようにしてください。本書ではそのとっかかりを与えるための解説を提供します。

MEMO
6 P.089のコラム「パラメータの調整と過学習」を参照。

COLUMN

AIの進化と新たな課題

筆者が最初にAIに触れたのは、第二次人工知能ブームのころでした。そのころはまだ大学生で、大学3年生の夏休み中に工場実習（いまでいうインターンですね）で新日鐵八幡製鉄所の構内にあった同社の研究所に3週間お世話になりました。

そのときに与えられた課題が、鋼管にプリントされた数字をカメラで読み込んでそれを画像認識で判別するというものでした。簡単なニューラルネットワークをスクラッチから組んで、学習まですべて自前で実施するという課題です。いまでいえばMNISTの手書き文字認識のようなタスクをゼロから経験できたので、振り返ってみると、よい体験ができたといえます。

筆者の専門はヒューマン・コンピュータ・インタラクション（Human Computer Interaction、HCI）、人間と情報システムの相互作用を研究するというものであり、AIを専門的に研究しているわけではありませ

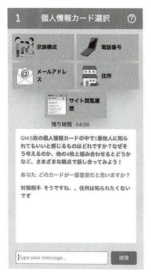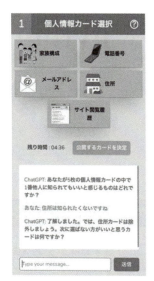

研究のために作成した、AIと対話するシリアスゲーム「The Guaradian」（小久保、他、2024年）

ん。しかし、HCIを研究している以上、AIは隣接領域であり、知らぬ存ぜぬというわけにもいきません。筆者が横目で観察している間、ハードウェアの劇的な進化を背景として、AIの研究領域も急激に進化していきました。いまではGAFAMのようなハイテク企業が限りないリソースを注ぎ込んで競争する研究領域にまで成長し、個人が細々と研究に参加できるような状況からはかけ離れたものとなりました。

しかし、それらの研究開発競争の結果、成果を自由に享受できる時代が来たのは新たな僥倖といえるでしょう。本書で紹介するような各種のAI応用ライブラリを自在に操れるようになれば、少ない投資でさまざまな活用が可能です。本書はその入り口を紹介するものです。AI応用プログラミングの面白さに触れ、さらに多様な活用を実現すべく、いろいろと工夫できるようになれば幸いです。

ところで、AIが進化することにより、近年は新たな課題が注目されるようになっています。それは、電力消費の問題です。機械学習の原理から、作成されたモデルを応用していろいろなアプリケーションを構築するのは、わりと気軽に実現できます。その一方で、モデルを学習するコストはうなぎ上りにかさむようになっています。計算量が膨大になり、高性能なGPUを活用しないと学習が進まないような状況です。

そこで問題になるのが、計算に必要な電力が膨大になっているという点です。大量の電力が必要になるという問題は、SDGsの時代に逆行する課題として注目されています。サステナブルな社会を実現しつつ、より最適化されたAIを実現するにはどうしたらよいでしょうか。そのような研究も進められています。

SECTION
03 Pythonの実行環境

ここからは、Pythonを用いてAIのプログラミングを説明します。
Pythonのプログラムを実行する方法はいくつかあります。本節では、その代表的な方法を紹介します。多くのプログラムはどの方法でもほぼ同じように[7]実行できますが、リソースの関係など環境によっては適さない実行環境がある[8]ことには注意してください。

1.3.1 Pythonコマンド

Pythonの基本はインタプリタです。インタプリタとは、プログラムのソースコードを読み込んで、計算処理を進めるタイプのソフトウェアのことです。プログラマーはPythonの文法に従ってプログラムを書き、pythonコマンドにそれを解釈させて実行します。

作成したプログラムにエラーがなければ、プログラムがきちんと実行されます。もっとも、記述したプログラムに文法のエラーがなくても、0で割り算をするようなランタイムエラーや、そもそもアルゴリズムが間違っていたなどのエラーは発生するかもしれません。プログラマーは、それらのエラーの発生も考えながら、試行錯誤でプログラムを作成します。

プログラムは、通常「エディタ」を用いてソースコードを編集します。エディタで作成したソースコードを、コンピュータと対話する「ターミナル」と呼ばれるソフトウェアでpythonコマンドにわたして実行[9]します。

エディタとターミナルの例はなんでもかまいません。筆者の場合は、ターミナルのなかですべてを片付けてしまいます。すなわち、ターミナルのなかで動くviというエディタでプログラムを編集し、同じターミナルでpythonコマンドを実行します（図1.7）。

> **MEMO**
> [7] OSの違いなどで若干の差が出ることがあります。

> **MEMO**
> [8] たとえばローカルに接続された機器をコントロールするようなプログラムは、サーバー上で実行されるGoogle Colaboratory環境では実行できません。

> **MEMO**
> [9] ソースコードのわたし方にはいくつか異なる方法があります。

図1.7 ターミナルの利用

最近はVisual Studio Code（以下、VS Codeと呼びます）の利用が人気です。VS Codeは高機能なエディタで、プログラミングに特化したさまざまなサービスが加えられているほか、ターミナル機能も組み込まれています。

図1.8 VS Codeの利用例

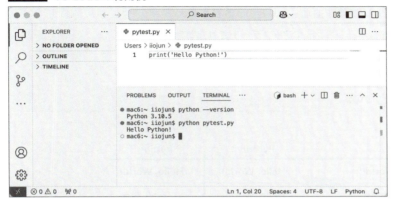

図1.8はVS Codeを用いてPythonのプログラミング作業をしているところです。pytest.pyというファイルには、以下のコードが記述されています（図1.8右上）。

リスト1.1 pytest.py（Hello Python!と表示する）

```
print('Hello Python!')
```

このプログラムを実行している状況は、図1.8の右下に現れています。python --versionというコマンドを実行して、実行しているコマンドのバージョンが確認されていますね。ここで利用しているpythonは、バージョン3.10.5です。その次が、上記のプログラムを実行している様子です。プログラムが実行され、Hello Python! というメッセージがターミナル上に表示されています。

1.3.2 バージョン管理の必要性

前項で「バージョン」という言葉が出てきました。バージョンとはなんでしょうか。バージョン番号は、ソフトウェアの進化におけるスナップショット

を記録した番号です。

　ソフトウェアは一般に、進化を遂げつつ成長します。pythonコマンド自体もソフトウェアなので、不具合（バグ）が見つかるかもしれません。不具合が見つかれば修正しなければならないでしょう。また、より優れたプログラミング、効率的なプログラミングを可能とするために、Pythonの文法自体をアップデートしたり、新しい機能を追加したりという改良が行われます。Pythonがバージョン2からバージョン3にアップデートされたときにprint文の扱いが変更された件は、よく知られた例です（図1.9）。

図1.9 バージョンアップによる変更の例

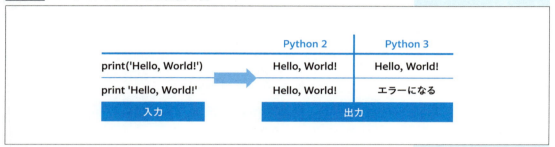

　そのような修正や改良を行なってプログラムの動作を変更すると、バージョン番号が更新されます。バージョン番号は、メジャーバージョン番号とマイナーバージョン番号、さらに細かなアップデートの段階を示すリビジョン番号などで構成されます。現時点でのPythonのメジャーバージョン番号は「3」です。図1.8の利用例でいえば、メジャーバージョン番号、マイナーバージョン番号、リビジョン番号はそれぞれ、「3」「10」「5」です。

　ところで、pythonコマンドはプログラムを解釈して実行するインタプリタなので、ちょっとした変更が大きな影響を及ぼします。たとえば、文法を変えてしまったらどうなるでしょうか。古い文法で書かれていたプログラムは、文法エラーとなり動かなくなってしまうでしょう。

　後述するライブラリやプログラム部品は、ある種の資産です。したがって、こういった変更が安易に加えられると、資産が一瞬で無駄になり困ります。実際、Pythonではバージョン2からバージョン3に大きな変更が加えられ、しかも後方互換性[10]を捨ててしまったため、大きな混乱が発生しました。

　バージョン管理の必要性はpythonコマンド本体だけではありません。

用語

10 前述の例でいえば、古い文法で書かれたものも受け入れるようにするなどです。

ライブラリにも依存関係があり、このバージョンでは動くが、このバージョンでは動かないといった問題が発生します。

本書で解説するようなAIプログラミングは、スクラッチから自前で開発できるようなものではありません。各種のライブラリに依存し、それら自体がさまざまなライブラリに関連して利用されます。そのような依存関係を適切に管理しなければなりません。しかし、これらを適正に「人の手」で管理するのは至難の業です。では、いったいどうすればよいでしょう?

1.3.3 仮想環境の活用

この問題はPythonに限ったものではありません。さまざまなプログラミング言語を対象として古くからいろいろな提案がなされてきました。とくに、あるプロジェクトではこのバージョンを利用し、別のプロジェクトでは違うバージョンを利用したいというような状況が発生したときに、システムにインストールされた開発環境のバージョンを固定してしまうと、どちらか一方に問題が発生してしまうことがあったからです。

Pythonでは、virtualenv、venv、pyenv、pipenvなど、さまざまな環境設定ツールが提案されてきました[11]。venvは、Pythonの標準パッケージに組み込まれているため最も使いやすいものです。pyenvはバージョンの切り替えをしやすく、複数のバージョンを開発用システム内に混在させる必要がある場合は、pyenvを導入するとよいでしょう。

ここではpyenvを例として仮想環境の動作を説明します。このツールは、個別のバージョンの実行環境を、固有のディレクトリの下に構築します。そのうえで、ディレクトリごとに使用するバージョンを切り替えて動作させられるようにします。それぞれのバージョンには、そのバージョンに合わせたライブラリが依存関係[12]の整合性を保った状態でインストールされます。バージョンごとに「そのバージョンで動作が保証されている」ライブラリによる環境を構築するため、プロジェクトごとにバージョンが異なる環境を安心して使えるようになります(図1.10)。

やや毛色の異なったものとしてAnacondaというパッケージがあります。Anacondaは、AIプログラミングやデータサイエンスに必要なライブラリを最初からパッケージングして、簡単に導入できるようにしたPythonによるプログラム開発環境のディストリビューションです。Anacondaにも、condaと呼ばれる仮想環境が用意されています。

MEMO
11 Rubyにはrbenv、Node.jsにはnodenvなど、ほかのプログラミング言語に対して同様の機能を提供するツールもたくさん提案されています。さらには、それらを一元管理するanyenvというツールも存在します。

MEMO
12 ライブラリの依存関係については1.5節で説明します。

図1.10 仮想環境によるバージョンの切り替え

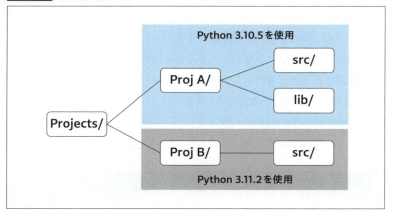

ただし、Anacondaはそれ単体で利用するのであれば問題ないのですが、それ以外のPython環境と組み合わせて使おうとするとトラブルを招くことも多く、利用には注意が必要です。

1.3.4 ノートブック

近年、脚光を浴びているPythonの実行環境に、「Jupyter Notebook」と呼ばれるものがあります。Jupyter Notebookは、Pythonプログラムをサーバー上で実行し、Jupyter NotebookサーバーにはWebブラウザを経由してアクセスします。ユーザからは1つのWebアプリのように見えるでしょう。

Jupyter Notebookを利用している様子を 図1.11 に示します。特徴は、プログラムのソースコードだけでなく自然言語による説明も記録できること、コードブロック単位で実行できること、出力結果がグラフィカルに表示されることです。

コードブロック単位で実行でき、その結果を逐次出力して確認できるので、一つひとつ動作を確認しながらプログラミングしていけるため、Jupyter Notebookが使いやすいのですが、変数に記録されている状態などはノートブック全体で共有されるので、実行の順序で結果が変わってくる可能性がある点には注意が必要です。

グラフや表などの出力結果がわかりやすくグラフィカルに表示される点は、図1.11 にあるデータの遷移状況を示す折れ線グラフからもわかります。

このように、第三者がプログラムを見てその動作をすぐに理解できるよ

うにする工夫が取り込まれているので、プログラムを一つひとつ理解しながら学んでいくという用途にはもってこいの環境といえるでしょう。

　また、もともとプログラムのソースコードにはコメント文を書いて、そのコードではなにをやっているのかをわかりやすく示しておく習慣がありました。Jupyter Notebookではそれをさらに拡張し、MarkDown記法などを用いて構造を持つ文章として表現できるようになっています。

図1.11 Jupyter Notebookの利用例

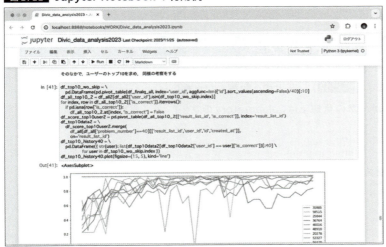

　次節で紹介する「Google Colaboratory」は、Jupyter NotebookのサーバーをGoogleがホストし、フロント部分をGoogleがカスタマイズしてGoogleドライブから利用できるようにしたものです。これを使えば、Pythonの動作環境を一切自前で用意することなく、Pythonプログラミングを試せます。さらに、Google ColaboratoryではAIプログラミングのための環境もそこそこ揃えており、Pythonを使って**AIプログラミングを実行してみようという皆さんにはぴったりの環境**といえるでしょう。

　次節では、Google Colaboratoryのセットアップ方法と、簡単な使い方を紹介します。次章に進む前に、次節での説明を参考にしながら実際に利用してみて、Google Colaboratoryに慣れておくとよいでしょう。

SECTION 04 Google Colaboratoryの利用

本節では、Google Colaboratoryの利用方法を説明します。皆さんのGoogleドライブにColaboratoryのファイルを作り、それを開くとColaboratoryを利用することができます。ただし、Googleドライブの初期設定ではColaboratoryを直接使うことができません。まずは、ドライブにColaboratoryを接続するところから始めましょう。

1.4.1 Colaboratoryのセットアップ

Googleドライブにアクセスします（図1.12）。左上の「新規」から新しいファイルを作ることができますが、素の状態ではColaboratoryのファイルを作ることができません。

図1.12 Googleドライブにアクセス

そこで、「新規→その他→アプリを追加」メニューを選んでください（図1.13）。

図1.13 アプリを追加

　図1.14のような状態になるので、上のほうに並んでいる虫眼鏡アイコンをクリックすると、検索窓が現れるので、そこに「Colaboratory」と入れましょう（**図1.15**）。

図1.14 検索をクリック

図1.15 Colaboratoryを検索

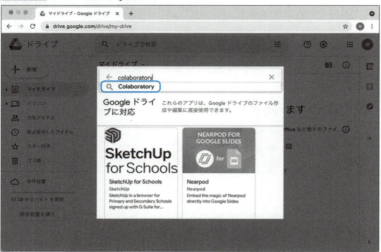

　エンターキー（またはリターンキー）を押して検索すると、Colaboratoryのブロックが現れます（**図1.16**）。

図1.16 Colaboratoryの検索結果（Colaboratoryをクリック）

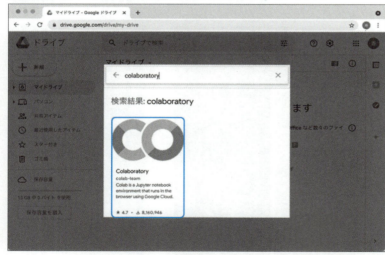

　そのブロックをクリックすると、**図1.17**の状態になりますので、インストールボタンをクリックしましょう。

図1.17 インストールボタンをクリック

問題がなければ「Google Colaboratory を Google ドライブに接続しました」とメッセージが出るので（**図1.18**）、OKをクリックし、インストールを完了させます（**図1.19**）。

図1.18 インストール成功（OKをクリック）

図1.19 インストール成功（完了をクリック）

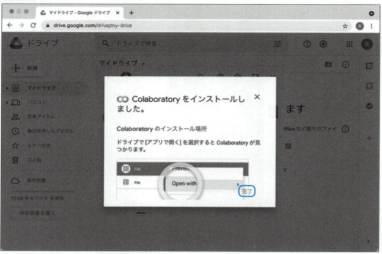

1.4.2 ファイルの作成と名前の変更

　ドライブにColaboratoryを接続したので、ファイルの新規作成からGoogle Colaboratoryのファイルを作成できるようになっているはずです。新規作成のメニューにGoogle Colaboratoryという項目が現れるようになったことを確認し（図1.20）、それを選んでColaboratoryの初期画面を表示させましょう。なお、ここで作成されたColaboratoryのファイルはドライブに保存されます。作業過程は都度、保存されるので、いつ作業を中断しても、再びそのファイルを開けば中断したところから再開することができます。便利ですね。

図1.20 Google Colaboratoryのファイルを新規作成

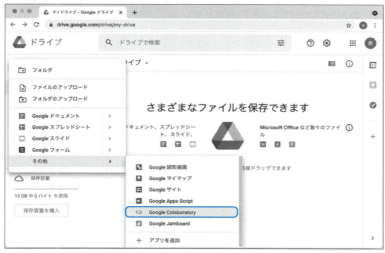

前述したとおり、ColaboratoryはJupyter NotebookをGoogleの環境で利用できるというものです。したがって、Jupyter Notebookに慣れている人は、いつも通りに使えることがわかるはず。まずは、お約束のHello World！（ここではHello Colaboratory!）からでしょうか。

図1.21 Hello Colaboratory!

初期画面にはコードのセルが1つ現れています。ここに、次のコードを入れて、左側の「▶」ボタンをクリックしましょう。

リスト1.2

```
print('Hello Colaboratory!')
```

最初はランタイムと接続する待ち時間がありますが、実行結果がすぐ下

に表示されるはずです（図1.21）。このように、コードのセルにプログラムを書き込み、インタラクティブシェルのようにプログラムを順次試していくことができます。

ところでColaboratoryの初期画面では、ファイル名が「Untitled0.ipynb」になっています。左上のテキストフィールドで、ファイル名を変更しておきましょう。今回、手遊びにタートルグラフィックスを試してみるので、ファイル名をクリックして、「TurtleTest.ipynb」という名称に変更します（図1.22）。

図1.22　ファイル名を変更

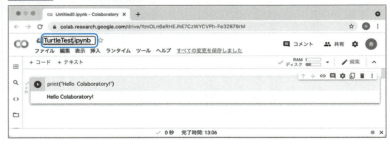

1.4.3　パッケージのインストール

Colaboratoryのインタフェースは、ブラウザが用意するHTMLの画面です。そのため、標準のturtleパッケージのように新しくウィンドウが表示されるようなものは使えません。しかし、Colaboratoryでも使えるタートルグラフィクスのパッケージ「ColabTurtle」があるのでそれを使います。

左上の「+コード」というボタンを押してみましょう。コードを書き込む新しいセル（コードセル）が用意されました（図1.23）。

図1.23 新しいコードのセル

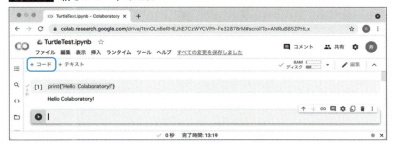

新しく用意されたコードセルに、次のコードを入れます[13]。

> MEMO
> [13] ColabTurtleというパッケージをインストールするためのコマンドです。パッケージについては次節で詳しく説明します。

リスト1.3

```
!pip install ColabTurtle
```

図1.24 ColabTurtleパッケージをインストール

コマンドを書き込んだら、先ほどと同様に「▶」ボタンをクリックします。ColabTurtle-2.1.0が無事にインストールされました（図1.24）。

なお、コードセルは基本的にはPythonのコードを入れるものですが、先頭にエクスクラメーションマーク（!）を使うことで、シェルのコマンドも使えます。ちなみに、次のコマンドを試してみたら、x86_64 Linuxだと出てきました（図1.25）。

リスト1.4

```
!uname -a
```

CHAPTER 1 AIプログラミングを始めよう

図1.25 ランタイムの正体

1.4.4 説明の追記とプログラムの試行

　せっかくなので、説明も追記しながらノートを整理していきましょう。コードだけでなく、説明を記録していくことができる点がColaboratory（Jupyter Notebook）のよいところです。

　コードセグメントの上部にマウスポインタを持っていくと、「+コード」「+テキスト」というボタンがポップアップします（図1.26）。

図1.26 テキストセルの追加

クラウドコンピューティング

　Google Colaboratoryを利用していると、その計算はどこで行われているのだろう？と不思議に思うことがあります。その疑問に対する答えとしては、「わかりません」が正解です。

　インターネットのサービスを利用しているとき、そのデータ処理、情報処理がどこで行われているかを意識したことがありますか？

　皆さんが手元のコンピュータでワープロを使って文書を作成しているとき、あるいはスプレッドシートを用いてデータを整理しているとき、プレゼンテーションソフトでプレゼン資料を作成しているときなど、それらのデータ処理はどこで行われているでしょうか。それは手元のコンピュータで行われています。キーボードやマウスから入力された情報は、手元のコンピュータに内蔵された記憶装置に蓄えられ、中央演算装置（CPU）で情報処理が行なわれたのちに、ディスプレイに表示されます。

　しかし、インターネットのサービスを利用しているとき、各種のデータ処理は、データセンターに置かれたサーバーで行われています。私たちは、ネットワークを介してそのサービスにアクセスしているのです。そして、インターネットの向こうのサーバーが物理的にどこに置かれているかは、ほとんど意識することがありません（意識することがあるとしたら、機密性の高いデータを自前のネットワークから外に出したくないような場合などの特殊なケースのみでしょう）。

　インターネットサービスの利用者にとって必要で重要なのは、そのサービスを確実に利用できることであって、そのサービスがどこで処理されているかではありません。後者の情報

雨のように「サービス」を享受

は決定的に不要なのです。

　雨が降ってきたとき、その雨が雲のどこから落ちてきたかを考える人はいないでしょう。場所を特定する必要のない雲から雨が降ってくるように、「どこかにあるコンピュータが提供するサービスを享受できれば十分である」といった考え方をクラウドコンピューティングといいます。雲（cloud）が由来です。多数の群衆（crowd）による課題解決をはかるクラウドソーシングとは異なりますので注意しましょう。

　ところで、Google Colaboratoryが若干ややこしく感じるのは、クラウドコンピューティングが二段構えになっているからです。利用者が直接アクセスするのはGoogleドライブのサーバーが提供するノートブックです。ノートブックに書かれたプログラムを実行するのは、さらにその奥にある「ランタイム」と呼ばれるコンピュータです。バックエンドのランタイムとノートブックを関係付けるために、最初に「接続」する必要があるのです。

　さらにややこしいのはデータとの関係です。ドライブにあるファイルにアクセスするには「マウント」しなければなりません。セッションストレージはランタイムが持つ一過性のデータ保存場所です。それらの関係性を理解するのが若干、面倒ですが、慣れてしまえばなんということはありません。

図1.27 テキストセルの編集

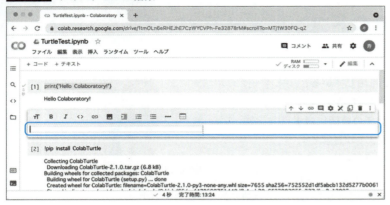

「+テキスト」をクリックします。テキスト編集用のセルが現れました（図1.27）。「ColabTurtleをインストールします。」と書き込んで（図1.28）、ほかのセルをクリックすると固定されます。なお、セルを削除したり、エディタの設定をしたり、コメントを書き込んだり、いろいろな操作は右上にある各種のアイコンをクリックして実現できます（図1.29）。セルの順番の入れ替えもできます。

では、タートルグラフィクスで幾何学模様を描くコードをセルに書き込み、実行してみましょう（図1.30）。

図1.28 説明文の入力と編集

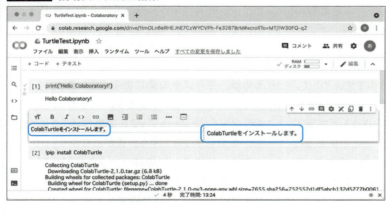

図1.29 説明文の追加

図1.30 サンプルプログラムの実行

　サンプルプログラムは、turtleパッケージのドキュメントで紹介されているプログラムをColabTurtleで動作するように書き換えた次のプログラムです。

リスト1.5 タートルグラフィクスのサンプルコード

```
from ColabTurtle.Turtle import *
# 描画の設定
initializeTurtle(initial_speed=10)
color('red')
bgcolor('white')
```

```
    width(1)
    x0 = pos()[0]
    y0 = pos()[1]
    # タートルを動かす
    while True:
        forward(200)
        left(170)
        if abs((pos()[0]-x0)**2 + (pos()[1]-y0)**2) < 1: break
```

このプログラムをコードのセルに書き込み、「▶」ボタンをクリックして実行しましょう。タートルを動かして幾何学模様を描くことができましたか？

1.4.5 データへのアクセス

ColaboratoryやJupyter Notebookのメリットは、コードだけでなく、きちんとした説明、あるいはグラフィクスによるきれいな出力までを「ノートブック」という形で残せる点です。しかも、そのまま共有して再現できるという点も素晴らしいですね。

ここで、なんらかのデータを共有して、皆で協力して分析するという状況を考えてみましょう。そのためには、Colaboratoryからほかのデータファイルへアクセスできなければいけません。

まず、左のフォルダアイコンをクリックして、上に並ぶアイコンの「ドライブをマウント」をクリックします（図1.31）。

図1.31 ドライブへのアクセス

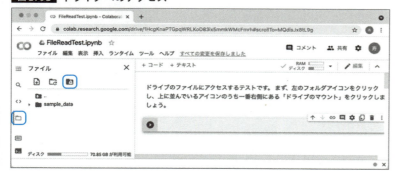

「Googleドライブに接続」をクリックし、アクセス権限の確認などの手続きを経て（図1.32）、適切にマウントできれば、drive/MyDriveディレクトリ以下に自分のGoogleドライブのファイルが並びます（図1.33）。

図1.32 アクセス許可の確認

図1.33 ドライブのファイルが並ぶ

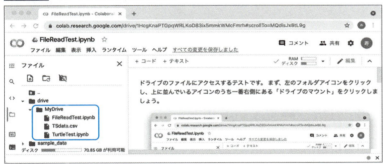

プログラムからこれらのファイルにはどのようにしてアクセスすればよいでしょうか。

ここで、「ファイルへのパス」を取得してみます。いま、MyDriveディレクトリに保存されているTSdata.csvというファイルへアクセスすることを考えます。このファイルの上で右クリックし、コンテキストメニューを表示します。そのなかで「パスをコピー」を選びましょう（図1.34）。

図1.34 パスのコピー

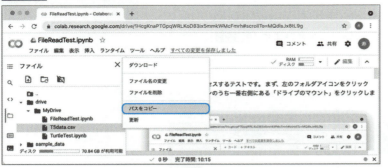

クリップボードには「/content/drive/MyDrive/TSdata.csv」という内容がコピーされています。これが当該ファイルのパスです。catコマンドでその中身を表示して、確かめてみましょう（図1.35）。

図1.35 ファイルへアクセス（catコマンド利用）

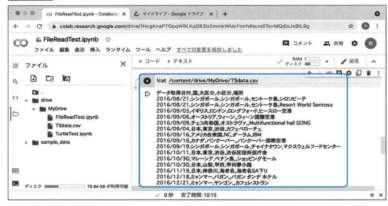

もちろんPythonプログラムからも同様にアクセスできます。図1.36は次の簡単なプログラムを実行してみた結果です。

リスト1.6 ファイルへのアクセス

```
with open('/content/drive/MyDrive/TSdata.csv') as f:
    while True:
        line = f.readline().rstrip()
        if line == '': break
        print(line.split(','))
```

図1.36 ファイルへアクセス（Pythonプログラムから）

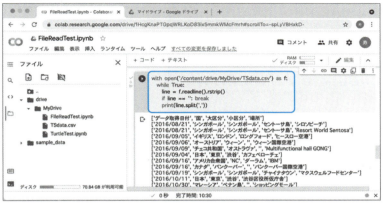

1.4.6 データ共有時の注意

ColaboratoryでGoogleドライブのデータにアクセスする方法もうまくいきました。ただし、ここで紹介した方法だと共有したときに若干の問題が残ります。それは、**共有してもMyDriveはそれぞれの人で違うので、同じファイルにアクセスできない**という問題です。

解決策としては、共有フォルダを作ってそこに固定するという方法が考えられます。しかしそれでは、データを共有したうえでプログラムをまた共有してというように、面倒です。ほかには、対象とするデータファイルを毎回セッションストレージにアップロードして利用する方法もあります。

ファイルペインの下部にドラッグ&ドロップすると、セッションストレージへファイルをアップロードすることができます（図1.37）。

図1.37 セッションストレージへのアップロード

なお、アップロードしたファイルはランタイムがリサイクルされる際に削除されてしまいます（**図1.38**）。あくまで、一時的な利用と割り切ることにしましょう。

図1.38 セッションストレージは一時的なファイル置き場と心得よ

セッションストレージに置いたファイルは、ファイル名だけでアクセスできるので便利に使えますね（**図1.39**）。

図1.39 セッションストレージに置かれたファイルへのアクセス

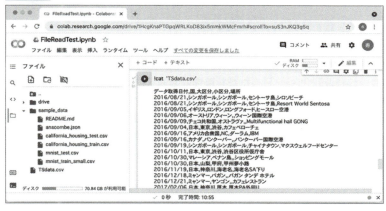

COLUMN

Python以外の利用法

　本書はPythonについて説明する書籍として、ColaboratoryをPythonで利用する方法を紹介しています。また、一般的には皆さんはPythonのプログラミング環境として活用されているでしょう。しかし、ColaboratoryはPythonしか使えないわけではありません。

　「接続」ボタンの右にある「その他の接続オプション」というドロップダウンリストを表示し、「ランタイムのタイプを変更」ダイアログを表示させると、ランタイムのタイプを変更できることがわかります。

　デフォルトでは、Python 3のほかにRを選べるようになっています。実は、このメニューを使わない別の方法で、ほかのプログラミング環境に変更する方法もあります。たとえば、ColaboratoryでRubyを動かすように変更する方法の解説はネットにたくさん上げられています。

　基本的にはバックエンドでUbuntu Linuxのランタイムを動かしているだけなので、Linuxで使えるプログラミング言語であれば、ほぼ使えるはずです。プログラムコードの解釈や出力をどのようにさせるかを工夫するだけで、さまざまな言語のプログラミング環境に変更できるという理屈です。

Geminiの活用

最近のColaboratoryには、Geminiというとうしを認識して利用する、ということAIが搭載されており、それを活用するとスムースにプログラミングを進められます。接続ボタンの右側にある「Gemini」というボタンを押して、別途、AIに尋ねたり、コードセルの「コーディングを開始するか、AIで生成します」という「生成」の部分を押してコードを対話的に生成したりできるようになっています。

より簡単で効果的な使い方は、テキストセルとの組み合わせでコードを半自動生成する方法です。次の例を見てください。「user, email, addressというカラムを持つデータフレームを作成する」とテキストセルにいれて、コードセルに「import」と入力すると、コードの提案が自動生成されました。

```
user, email, address というカラムを持つデータフレームを作成する
▶ import pandas as pd

df = pd.DataFrame(columns = ['user', 'email', 'address'])
df
```

この状態でタブキーを押すと、斜体で示されているコードが自動で入力されます。このコードはきちんと動きます。

ただし重要な点は、この機能で生成されたコードは100パーセント正しいとは限らないことをきちんと認識して利用する、ということです。

CHAPTER5で実例とともに説明するように、生成AIには「ハルシネーション」という落とし穴があります。Geminiも同様で、いかにもそれっぽいコードを確率的に推論して提示してくれているだけです。

この機能をうまく使えば、ライブラリのAPIをいちいち参照してコードを生成する手間を大幅に削減できるでしょう。なにしろ、やりたいことをちょこちょこっと書いて、途中までヒントとなるコードを入れれば「あなたの書きたいプログラムはこうじゃないですか?」と提案してくれるのですから、たいへん助かります。あとはタブキーを押して、必要があれば修正を加えるだけです。

いろいろ試しながらコーディングできるのもインタプリタであるPythonのよいところです。これらの機能をうまく利用して、上手にプログラミングするスキルを身につけましょう。

SECTION

05 ライブラリの利用

Pythonの人気が高い理由の1つに、ソフトウェアライブラリが充実しているため、簡単な手順でさまざまな情報処理を実現できる、というものがあります。Pythonそれ自体がそれなりに歴史のあるプログラミング言語[14]なので、古くからいろいろなライブラリが提案されているということもあるでしょう。

もちろん、機械学習のために用意されているライブラリも多数存在します。本書では、次章以降でそれらのライブラリを最大限に活用していきます。本節ではまず、Pythonにおけるライブラリの位置付けと扱い方について整理しておきましょう。

1.5.1 Pythonのライブラリ

　そもそも、ソフトウェアライブラリとはなんでしょう？ ソフトウェアライブラリのことをソフトウェア部品と呼ぶ人もいます。ソフトウェアを用いて「こういうことをしたい」と考えたときに、スクラッチからプログラミングしていくのはなかなかしんどい作業です。しかし、ある程度の定型的な情報処理であれば、すでにどこかの誰かがプログラムを作成しているかもしれません。それを別のプログラムから利用できれば、プログラミングの工数を大幅に削減できるでしょう。

　すでにあるプログラムのコードや断片を、ほかのプログラムから使いやすいように整備して再利用できるようにしたもの、それがソフトウェアライブラリです。

　一般に、既存のソースコードを再利用できるように整備するためにはそれなりの手間がかかります（Tracz、2001）。関数やクラス[15]としてコードをまとめ、引数や返り値をどうするか、それもできるだけ汎用的なフォーマットにしてさまざまなケースで利用できるように整備しなければなりません。そのような整備をしてプログラムのコードを使いやすく提供したものがソフトウェアライブラリといえるでしょう。

　実際には、ソフトウェアライブラリの利用は「ほかのファイルに記述されているコードを外から利用する」状況だといってよいでしょう。具体的に、Pythonにおけるソフトウェアライブラリの利用例を次の事例で考えてみます。

　図1.40 は、あるディレクトリにhogeというサブディレクトリがあり、そ

MEMO

14 バージョン2からバージョン3に移行した際に大きな改変が行われました。その後、それなりに時間が経過して以降も進んでいるようです。

用語

15 オブジェクト指向のクラスの形式で再利用を促すようなライブラリのことを「クラスライブラリ」と呼ぶこともあります。

のなかにfuga.pyというPythonのソースコードが置かれている状況を示しています。

図1.40　ファイルの配置

ここで、fuga.pyには次のコードが書かれているとします。

リスト1.7

```
def hello():
    print('Hello world!\n')
```

さてこのとき、このコードを外から利用するにはどうすればよいでしょうか。

いま、作業ディレクトリがこのディレクトリにあるとして、Pythonインタプリタを起動してみます（図1.41）。

Pythonインタプリタのプロンプト「>>>」に、hello()と入力して関数を呼び出してみます。当然ながら、そのような関数の定義はないので、「NameError: name 'hello' is not defined. Did you mean: 'help'?」とエラーメッセージが出ます[16]。

ここで、次のように「hello()を利用するよ」という宣言をします。

リスト1.8

```
from hoge.fuga import hello
```

これはhogeというパッケージのなかのfugaというモジュール[17]から、helloという名前のなにかを利用する、という意味の宣言です。今回でいえば、hogeディレクトリ以下に含まれているfuga.pyで定義されているhello()という関数を利用するというものですね。

MEMO

16　ご丁寧にも「Did you mean: 'help'?」などと提案してくれているのはご愛嬌ですね。

MEMO

17　hogeというディレクトリのなかに置かれたfuga.pyというファイルに記述された関数などは、hoge.fugaというモジュールとして扱われます。

038　SECTION 05 ｜ ライブラリの利用

このような宣言をしたあとで、再度hello()と関数を呼び出してみましょう。fuga.pyで定義されているhello()関数が呼び出され、'Hello world!'が出力されました。パッケージの定義とプログラムからの利用方法については、のちほどもう少し詳しく説明します。

図1.41 ライブラリ利用の例　その1

```
ModuleTest — python — 80×24
$ python
Python 3.11.3 (main, Oct  7 2023, 18:13:46) [Clang 15.0.0 (clang-1500.0.40.1)] o
n darwin
Type "help", "copyright", "credits" or "license" for more information.
>>> hello()
Traceback (most recent call last):
  File "<stdin>", line 1, in <module>
NameError: name 'hello' is not defined. Did you mean: 'help'?
>>> from hoge.fuga import hello
>>> hello()
Hello world!

>>>
```

1.5.2 パッケージのインストール

ソフトウェアライブラリは、パッケージという単位で管理されます。すでにColabTurtleの例で試してみたように、必要なパッケージをインストールすれば、そのライブラリを利用できるようになります。

ところが、パッケージのインストールには難しい問題が伴います。それは、「依存関係」という問題です。

先ほどの例では、利用しようとしたhoge.fugaというモジュールに、ほかのパッケージやモジュールを利用する記述はありませんでした。しかし、AというモジュールからBというモジュールを利用していたり、Cというパッケージが提供するなにかを利用していたりという関係性は、しばしば起こります。

この問題が難しいのは、ソフトウェアは生き物だから[18]です。ソフトウェアは日々、進化、変化しています。関数の定義にしても、引数が追加されたり削除されたり、返り値が変更されたりなどは日常茶飯事です。

ライブラリに関しては、非常に重要な問題です。ライブラリのバージョンが変わってこれらの条件が変更されると、これまで適切に動作していた処理が突然動かなくなったり、適切な処理にならなくなったりしてしまうリスクが存在します。

MEMO
18 もちろん、たとえです。

したがって、依存関係を考える際にはバージョンの整合性を考えなければなりません。このバージョンのライブラリでは動作するけれども、それより前のバージョンでは動作しないとか、あるいはそれよりあとのバージョンでは動作しないとか、そのような面倒なことが起こり得るからです。

そのような**パッケージの整合性や依存関係を管理し、必要に応じて適切なバージョンのパッケージを芋蔓式にインストールしてくれる仕組み**がpipコマンドです。pipを用いて必要なパッケージのインストールを指定すれば、システムに存在しないけれども依存関係があり、インストールすべきほかのパッケージも併せてインストールしてくれます。

ただし、依存関係をうまく解決できない場合もあります。たとえば、あるライブラリAは別のライブラリのバージョンXでしか動かず、しかしほかのライブラリBは同じライブラリの異なるバージョンでしか動かない、というような状況は起こりえます。そのような矛盾が生じる場合は、システム内部でうまく整合を取らねばなりません[19]。

図1.42 は依存関係の解決がうまくいかなかったときの例です。pipコマンドがどうにか整合性を保てないかといろいろ試していますが、最終的にエラーとなってしまいました。このような例がたまに生じることはあるものの、依存関係を解決しながら必要なライブラリを自動でインストールしてくれるので、pipコマンドによるライブラリのインストールはたいへん便利です。

> **MEMO**
>
> **19** この問題は、ライブラリAとBを同時に利用しなければならない場合を除けば、別の仮想環境を用いて動作環境を切り離すことで解決します。

図1.42 ライブラリの依存関係でエラーが出ている例

```
Collecting ortools
    Downloading ortools-9.11.4210-cp310-cp310-manylinux_2_17_x86_64.manylinux2014_x86_64.whl.metadata (3.0 kB)
Collecting absl-py>=2.0.0 (from ortools)
    Downloading absl_py-2.1.0-py3-none-any.whl.metadata (2.3 kB)
Requirement already satisfied: numpy>=1.13.3 in /usr/local/lib/python3.10/dist-packages (from ortools) (1.26.4)
Requirement already satisfied: pandas>=2.0.0 in /usr/local/lib/python3.10/dist-packages (from ortools) (2.2.2)
Collecting protobuf<5.27,>=5.26.1 (from ortools)
    Downloading protobuf-5.26.1-cp37-abi3-manylinux2014_x86_64.whl.metadata (592 bytes)
Requirement already satisfied: immutabledict>=3.0.0 in /usr/local/lib/python3.10/dist-packages (from ortools) (4.2.0)
Requirement already satisfied: python-dateutil>=2.8.2 in /usr/local/lib/python3.10/dist-packages (from pandas>=2.0.0->ortools) (2.8.2)
Requirement already satisfied: pytz>=2020.1 in /usr/local/lib/python3.10/dist-packages (from pandas>=2.0.0->ortools) (2024.2)
Requirement already satisfied: tzdata>=2022.7 in /usr/local/lib/python3.10/dist-packages (from pandas>=2.0.0->ortools) (2024.2)
Requirement already satisfied: six>=1.5 in /usr/local/lib/python3.10/dist-packages (from python-dateutil>=2.8.2->pandas>=2.0.0->ortools) (1.16.0)
Downloading ortools-9.11.4210-cp310-cp310-manylinux_2_17_x86_64.manylinux2014_x86_64.whl (28.1 MB)
                                         ──────────────────── 28.1/28.1 MB 19.7 MB/s eta 0:00:00
Downloading absl_py-2.1.0-py3-none-any.whl (133 kB)
                                         ──────────────────── 133.7/133.7 kB 8.6 MB/s eta 0:00:00
Downloading protobuf-5.26.1-cp37-abi3-manylinux2014_x86_64.whl (302 kB)
                                         ──────────────────── 302.8/302.8 kB 19.1 MB/s eta 0:00:00
Installing collected packages: protobuf, absl-py, ortools
    Attempting uninstall: protobuf
        Found existing installation: protobuf 3.20.3
        Uninstalling protobuf-3.20.3:
            Successfully uninstalled protobuf-3.20.3
    Attempting uninstall: absl-py
        Found existing installation: absl-py 1.4.0
        Uninstalling absl-py-1.4.0:
            Successfully uninstalled absl-py-1.4.0
ERROR: pip's dependency resolver does not currently take into account all the packages that are installed. This behaviour is the source of the following dependency conflicts.
google-cloud-datastore 2.19.0 requires protobuf!=3.20.0,!=3.20.1,!=4.21.0,!=4.21.1,!=4.21.2,!=4.21.3,!=4.21.4,!=4.21.5,<5.0.0dev,>=3.19.5, but you have protobuf 5.26.1 which is incom
google-cloud-firestore 2.16.1 requires protobuf!=3.20.0,!=3.20.1,!=4.21.0,!=4.21.1,!=4.21.2,!=4.21.3,!=4.21.4,!=4.21.5,<5.0.0dev,>=3.19.5, but you have protobuf 5.26.1 which is incom
tensorboard 2.17.0 requires protobuf!=4.24.0,<5.0.0,>=3.19.6, but you have protobuf 5.26.1 which is incompatible.
tensorflow 2.17.0 requires protobuf!=4.21.0,!=4.21.1,!=4.21.2,!=4.21.3,!=4.21.4,!=4.21.5,<5.0.0dev,>3.20.3, but you have protobuf 5.26.1 which is incompatible.
tensorflow-metadata 1.16.1 requires protobuf<4.21,>=3.20.3; python_version < "3.11", but you have protobuf 5.26.1 which is incompatible.
Successfully installed absl-py-2.1.0 ortools-9.11.4210 protobuf-5.26.1
```

1.5.3 プログラム内での利用

Pythonインタプリタからライブラリに定義されている関数を呼び出す方法を示しましたが、プログラムから呼び出す方法も同様です。ここでは、その方法についてもう少し理解を深めてみることにします。

先に示したfuga.pyを修正して、goodbye()という関数も追加しました。

リスト1.9

```python
def hello():
    print('Hello world!\n')

def goodbye():
    print('Goodbye world!\n')
```

先ほどは、hoge.fugaからhelloをインポートするよ、という記述をしました。今回は、次のように「hoge.fugaで定義されているものをすべて利用するよ」という宣言をします。

リスト1.10

```python
import hoge.fuga
```

このように宣言することで、hoge.fuga.hello()やhoge.fuga.goodbye()というように、パッケージ名を明示的に示す方法で、ライブラリが提供する機能を利用可能にできます。

いちいちhoge.fugaなどと付けなければならないのは面倒と思うでしょうか？ このような指定方法になっているのには理由があります。hogeディレクトリのなかにpiyo.pyというファイルが存在したとして、そのファイルにもhello()という関数が定義されていたらどうなるでしょうか。

import hoge.piyoと宣言しないと使えないのはよいとして、両者を使えるようにしたときにhello()とだけ記述した場合、どちらのhello()が呼び出されるべきでしょうか[20]。このような状況を避けるために、その名前を定義する範囲[21]を明示して、hoge.fuga.hello()やhoge.piyo.hello()と区別できるようにするのです。

なお、いちいちhoge.fugaやhoge.piyoなどと長ったらしい名前を記述

用語
20 このような状況を「名前の衝突」といいます。

用語
21 「名前空間」といいます。

するのは面倒ですし、コードも冗長になりがちなので、次のようにして短い名称を付けることも可能で、しばしば利用されています。

リスト1.11

```
import hoge.fuga as fga
```

このようにすれば、hoge.fuga.hello() の代わりに fga.hello() と記述するだけで済みます。

また、あるモジュールから特定の名前だけをインポートすることもできます。図1.43 では、hoge.fuga モジュールから hello と goodbye という名前だけをインポートしています。それらは単独で利用できるので、それらの関数は hello() や goodbye() のようにシンプルに呼び出しが可能です。

図1.43　ライブラリ利用の例　その2

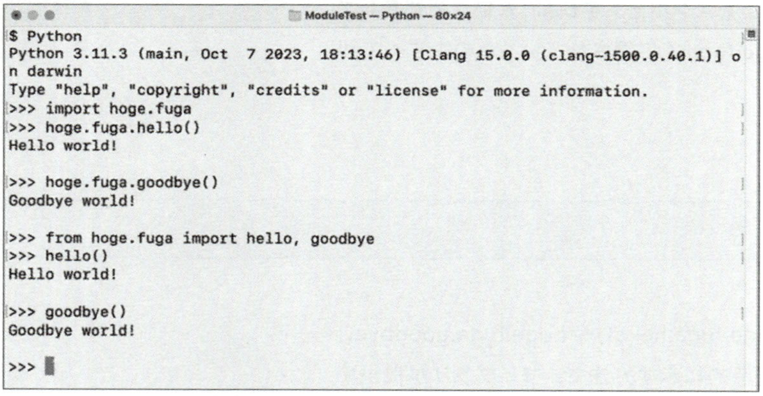

```
                    📁 ModuleTest — Python — 80×24
$ Python
Python 3.11.3 (main, Oct  7 2023, 18:13:46) [Clang 15.0.0 (clang-1500.0.40.1)] o
n darwin
Type "help", "copyright", "credits" or "license" for more information.
>>> import hoge.fuga
>>> hoge.fuga.hello()
Hello world!

>>> hoge.fuga.goodbye()
Goodbye world!

>>> from hoge.fuga import hello, goodbye
>>> hello()
Hello world!

>>> goodbye()
Goodbye world!

>>>
```

また、ワイルドカード「*」を用いて、そのモジュールで定義されている関数などを一気に利用可能にすることもできます（図1.44）。ただし、このような指定方法は混乱を招くので注意が必要です。

先に示したように、2つのモジュールで同じ名前の関数が定義されているときに、ワイルドカードを利用してインポートした場合にはどの関数が呼び出されるようになるのでしょうか。図1.44 を見れば明らかなように、名前が衝突した場合は最後にインポートされたものが優先されます。

図1.44 において、最初の hello() の呼び出しでは、直前にインポートされた hoge.piyo で定義されているものが呼び出されていますが、その後、再度 hoge.fuga をインポートした結果、hello() はそちらで定義されている

ものが呼び出されるようになりました。

図1.44 ライブラリ利用の例 その3

```
$ Python
Python 3.11.3 (main, Oct  7 2023, 18:13:46) [Clang 15.0.0 (clang-1500.0.40.1)] o
n darwin
Type "help", "copyright", "credits" or "license" for more information.
>>> from hoge.fuga import *
>>> from hoge.piyo import *
>>> hello()
Hello world(piyo)!

>>> from hoge.fuga import *
>>> hello()
Hello world!

>>>
```

COLUMN

名前の衝突でよくやるミスに注意

　本文の注釈で名前の衝突や名前空間について言及しました。プログラミングには「名前空間」という概念があります。重要な概念なので、きちんと理解しておくべきものです。

　名前空間とは、ざっくりいうと、そのキーワードが有効である範囲のことです。名前空間をきちんと切り分けておけば、キーワードが重複して問題が発生するようなエラーは起こりえません。

　たとえば、sqrt()という関数を定義したとしましょう。どんな処理でもかまいません。なんだか素晴らしい処理をする関数を自前で定義したと思ってください。しかし、sqrt()は一般的には平方根（square root）を計算する関数として使われます。

　そこで、数値計算をするmathモジュール内部で使われる平方根の計算をするのだと

いうことで、一般的には次のように使います。以下の例は5の平方根を計算するケースです。

```
import math
print(math.sqrt(5))
```

　このようにモジュール名を指定してそのなかで定義されている関数を呼び出せば、名前の衝突が起こることはありません。

　注意すべきは、プログラムのファイル名を一般的な名前にしてしまうミスです。上記のプログラムを、math.pyというファイル名で保存してしまうと、なにが起こるでしょうか。

　1行めのimport mathで、数値計算ライブラリのmathモジュールをインポートするはずが、自分自身をインポートしてしまいます。そのため、sqrt()などという関数は定義されていないので、エラーになってしまいます。やりがちなエラーなので、気をつけましょう。

1.5.4 基礎的なライブラリ

次章以降では、さまざまなAI関連のライブラリを紹介していきます。それらの理解を深めるために、本章の最後に基礎的なライブラリ、よく利用するライブラリを簡単に紹介しておきましょう。それぞれのライブラリをより深く知りたい場合は、多数の解説書（McKinney、2023年など）も出ているので参照してみてください。

NumPy

NumPyは、数値計算を効率的に実施するために用意されているライブラリです。NumPyをうまく利用すると、複雑な数値計算でも数行で処理できます。現代のAIは統計処理や数値計算に強く依存しているので、データ処理を効果的に行うためのNumPyには親しんでおいて損はないでしょう。

図1.45 NumPyのサイト

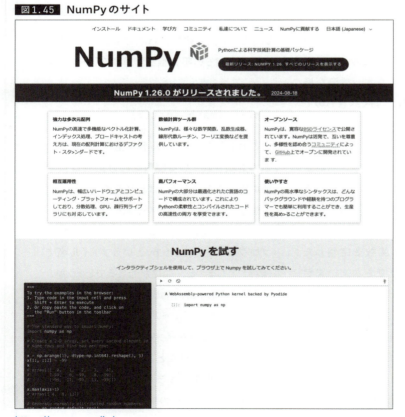

https://numpy.org/ja/

Matplotlib

　Matplotlibを用いると、データをわかりやすく可視化できます。棒グラフ、円グラフ、折れ線グラフなど、さまざまなグラフを描くために利用できるので、Matplotlibを上手に利用してデータの様子を確認できるようにしておくことも必要です。なお、素のMatplotlibは日本語の文字をうまく扱えないという問題があります。グラフに日本語のラベルを扱いたいときは、japanese-matplotlibというパッケージをインストールして日本語の文字も表示できるようにする必要があります。

図1.46 Matplotlibのサイト

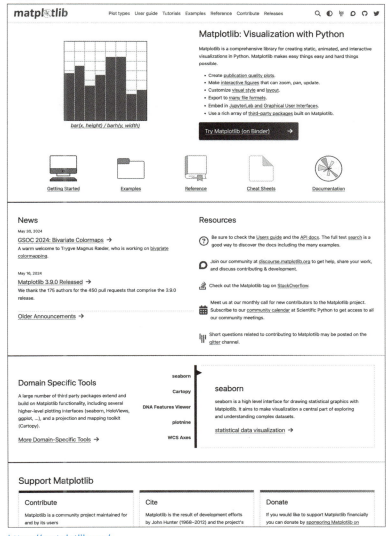

https://matplotlib.org/

seaborn

seabornもデータの可視化、グラフ描画に関するライブラリです。**Matplotlibよりも見栄えのよいグラフを描ける**という評価もあります。Matplotlibとseabornのいずれも使えるようになっておくとよいのではないでしょうか。

図1.47 seabornのサイト

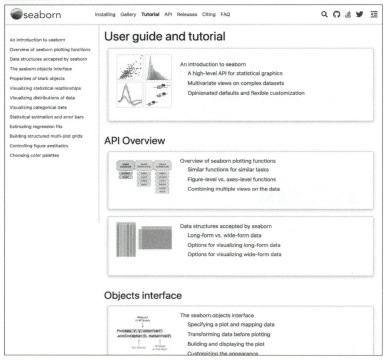

https://seaborn.pydata.org/tutorial.html

pandas

pandasは、**表形式のデータを扱うライブラリ**です。行と列で表現されるデータに対してさまざまな操作を加えられます。データ分析を行う際には欠かせないライブラリであり、AIで処理する対象もしばしばpandasのデータフレームで扱われることが多いので、pandasを用いてデータをいじれるようになっておくべきでしょう。

そのほかのライブラリに関しては、パッケージ管理リポジトリであるPyPI（図1.49）にアクセスして探してみるとよいでしょう。「こんなことまで！」と驚くようなライブラリが登録されているかもしれませんよ。

図1.48 pandasのサイト

https://pandas.pydata.org/

図1.49 Python Package Index（PyPI）

https://pypi.org

CHAPTER1のまとめ

本章では、Pythonで作るAIプログラミングの準備として、以下のことを学びました。

☐ そもそもAIプログラミングとはなにか、AIの歴史をたどりながら、現在の人工知能ブームまでの軌跡を学びました。AIプログラミング開発の概要と、データの扱い方についても簡単に紹介しました。

☐ Pythonの実行環境について理解しました。本書では、一部の説明を除き、Google Colaboratoryの環境を使用します。ただし、Pythonはそれ以外の環境でも利用でき、システムに組み込むなどの用途であれば独自の環境を用意しなければなりません。

☐ Google Colaboratoryの導入方法を学びました。本書で手を動かしながらいろいろなプログラミングを試してみたいという方は、ぜひColaboratoryの環境を用意して、プログラムの動作を試しながら読み進めてください。

☐ そもそもプログラミングライブラリとはなにか、ライブラリという概念について基礎から学びました。本書で紹介するライブラリ以外にも役に立つライブラリがたくさん提供されています。本書を読み終わったときには、ほかにも試してみたくなっているかもしれませんね。

本章では、次章以降を読み進めるための準備を行いました。本章で紹介したいずれかの方法を用いてPythonの実行環境を準備し、次章以降は、ぜひ、手を動かしながら読み進めていってください。プログラミングのスキルを身につけるには、実際にコードの動作を確認しながら理解を深めることが重要です。

Pythonはインタプリタ型の言語なので、途中の実行状況を確認しながら学習を進めるためのプログラミング環境として適しています。このプログラムを動作させると変数はどのように変化するのかなど、一つひとつ、確認しながら理解していくとよいでしょう。

CHAPTER

2

scikit-learnで学ぶ
機械学習の基礎

いよいよ機械学習プログラミングへの一歩を踏み出しましょう。本章では、機械学習のプログラミングを始める入り口として最適なscikit-learnの使い方を紹介します。本来、このライブラリは機械学習だけにフォーカスしたものではありません。

現代の機械学習は統計解析を基礎に置いています。

scikit-learnには、基礎的な統計処理のアルゴリズムも豊富に用意されており、それらを活用して地道な分析を行うためにも有用なライブラリです。

本章では、機械学習の基礎としてscikit-learnでできること、すなわち、分類、回帰、クラスタリング、次元削減とはなにかを紹介し、それぞれに関して、アルゴリズムの選び方を説明します。さらに、具体的なデータセットを用いて分類や次元削減プログラミングの実際を紹介します。

SECTION 01 scikit-learnでできること

本章では、機械学習プログラミングの手始めとして、scikit-learnを用いたプログラミングを紹介します。scikit-learnは、Pythonを用いた機械学習のライブラリとして代表的なものであり、各種のアルゴリズムが実装されています。
まずは、scikit-learnでどのような処理を実現できるのか、概観してみましょう。

2.1.1 分類（クラス分類）

scikit-learnでは分類や回帰など機械学習に必要なさまざまな処理を実現する機能が提供されています（図2.1）。本項ではそれらを順番に概観していきましょう。

図2.1 scikit-learnのサイト

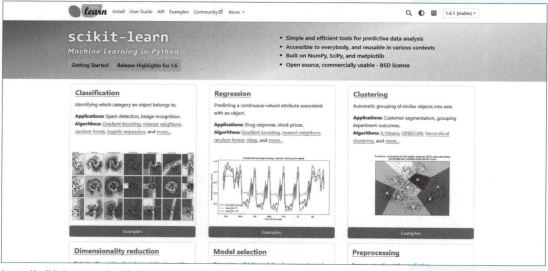

https://scikit-learn.org/stable/

分類、クラス分類、あるいはクラシフィケーション（classification）とは、得られたデータがどのクラスに所属するのかを分類するというタスクです（図2.2）。例題として、迷惑メール判定、画像認識などがあります。
迷惑メール判定は、メールのクラスとして「迷惑メール」「迷惑メール

ではない（通常のメッセージ）」の2つのクラスを用意し、判定対象のメッセージがどちらのクラスに属するかを判定するものです。画像認識であれば、対象とする画像がなにを示しているかを判定し、認識結果とします。自動運転に利用される周辺画像の認識では、カメラで得られた画像に写っている物体を特定し、その物体がなんであるかを判定する手続きを踏みます。「歩行者」「車」「道路標識」などのクラスをあらかじめ用意しておき、そのうちのどのクラスに属するかを分類します。

　クラスの境界をどうするのか、どこでクラスを分類するのかなど、あらかじめ定めておくクラスの詳細を定義する作業が「学習」に相当します。教師ありの機械学習では、教師ラベル[1]と対応する学習データを用いて、その境界を定める計算を行います。

　scikit-learnで提供されている分類アルゴリズムには、勾配ブースティング、最近傍法（ニアレストネイバー）、ランダムフォレスト、ロジスティック回帰などがあります。

> **MEMO**
> [1] 「迷惑メール」「それ以外」や、「歩行者」「車両」「道路標識」などのクラス名に相当します。

図2.2　データの分類

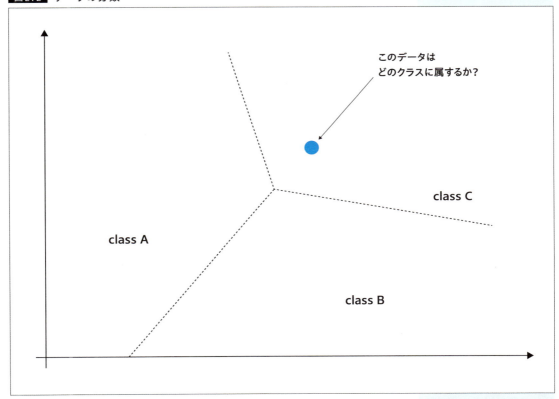

2.1.2 回帰（予測）

　回帰、リグレッション（regression）は、ある現象に関連する一連のデータ系列が与えられたときに、それらの延長として未来のデータを予測するタスクです（図2.3）。売り上げ予測や、株価の遷移などの例があります。

　売り上げ予測にしても株価の遷移にしても、横軸は時間軸です。過去の一連の時系列データに基づいて、未来のデータがどうなるかを予測します。売り上げ予測の例では、さまざまなパラメータを変更すると売り上げがどう変わるかといった予測も可能です。たとえば、新たに広告を打つことによって売り上げ増加を期待するといった状況です。株価の遷移に関しても、今後その銘柄の株価がどう上下するかを、過去のデータの変動に基づいて予測します。これらはすべて回帰予測といわれます。

図2.3　回帰予測

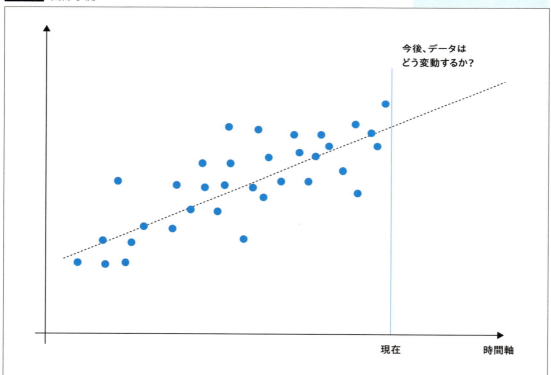

　既存のデータから、今後を予測するためのモデルを学習します。そのモデルに基づいて、将来起こりうるデータを予測します。図2.3では、最も

簡単な直線回帰のモデルを示しています。現在よりも左側、すなわち過去のデータを最もよく説明する直線を計算し、今後のデータはその直線付近に現れるであろうと予測します。

scikit-learnで提供されている回帰としては、分類でも使われる勾配ブースティング、最近傍法、ランダムフォレストのほか、リッジ回帰などがあります。

2.1.3 クラスタリング

クラスタリングは分類に似ています。多数のデータが与えられたときに、**類似のデータを自動的にグループ分けするタスク**です（図2.4）。グループ分けされたあとのグループをそれぞれのクラスと考えれば、クラスタリングは分類器を作成するタスクであるということもできるでしょう。

図2.4 クラスタリング

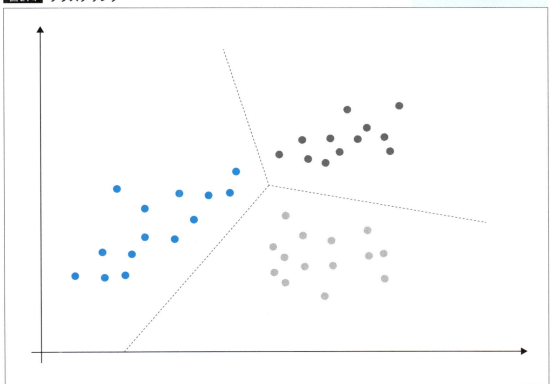

多くのクラスタリング処理では、与えられたデータに対してあとからラベルを与えます。すなわち、グループに分類したあとに、グループ名としてラベルを与えます。対して、分類はラベル付きのデータ群に基づいてデータ境界を定めます。クラスタリングは「教師なし学習」の一種であるともいえるでしょう。

scikit-learnでは、代表的なクラスタリング手法であるk-Means法、HDBSCAN、階層的クラスタリングなどのアルゴリズムを利用可能です。

2.1.4 次元削減

対象とするデータの数が非常に多く、そのままでは扱いにくいことがあります。数千次元の特徴を持つデータを考えるケースはしばしばあります。前述した分類や回帰、クラスタリング処理は、現代の高性能なコンピュータを使えば数千次元程度の処理は問題なく行えますが、人間がそれらのデータを直感的に理解することはなかなか難しいものです。

たとえば 図2.5 は、Twitter（現X）のトレンドデータを可視化するTWtrendsというシステム（Iio、2019年）の原理を説明するものです。このシステムでは、1日に収集されたトレンドデータに対応するキーワードをすべて集めてトピックマップを計算します。その計算に利用する「単語空間」は、2,000 ～ 3,000次元の線形空間を構成します。

図2.5 に示されている表は、横軸が個々のキーワード、縦軸がトレンドワードとなっており、それぞれのトレンドワードは個々のキーワードを軸として構成される単語空間に配置される「点」として表現されています。それぞれの点の距離を計算し、近いトレンドをまとめるという処理を加えてトピックマップを作ります。

このような多次元のモデルは、ときとして扱いにくいことがあります。私たちは3次元[2]の世界に住んでおり、2次元の画面には4次元以上のデータを直感的に示せません[3]。一方で、多次元データは往々にして粗な（粗い、sparse）空間であり、その冗長性から、低次元に縮約しても問題ないことも多いのです。

そこで、次元削減というタスクが必要になる状況もしばしば発生します。次元削減とは、考えるべき変数の数を（情報量をできるだけ維持しながら）減らすというタスクです。scikit-learnでは、主成分分析（Principal Component Analysis、PCA）、特徴選択、非負行列分解といったアルゴリズムを利用できます。

> **MEMO**
> [2] 縦、横、高さの3次元です。

> **MEMO**
> [3] 3次元データは投影変換によって表現できます。

図2.5 次元削減が必要になる例

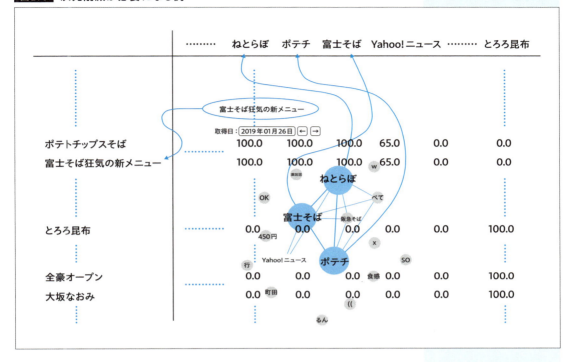

2.1.5 モデル選択と前処理

　そのほかにも、機械学習のプログラムを作成するためにscikit-learnを用いて利用できるアルゴリズムが多数用意されています。モデル選択やデータの前処理といった手続きで、効果的な機械学習プログラムを作成するために、これらの処理は欠かせません。

　モデル選択は、パラメータを比較、選択、評価するために必須の手続きです。パラメータをチューニングし、判別器や予測器の性能を向上させるために必要です。グリッド検索やクロスバリデーションといったアルゴリズムがscikit-learnには用意されています。これらを利用して効果的な機械学習プログラムを作成できます。

　また、通常扱うデータはきれいなデータとは限りません。データを整理し、扱いやすい形式に修正する処理は必須です。データ・サイエンティストと呼ばれる人々は、日々このデータの前処理に、日夜、苦労しているそうです。

与えられたデータから学習対象のパラメータを決定する特徴量抽出や、それらの値を適正な範囲に揃える正規化処理など、前処理あるいはプリプロセッシングと呼ばれる処理を実際のデータ処理では避けて通れません。たとえば、自然言語でやり取りされている情報をAIで処理したいのであれば、自然言語で表現されたデータをなんらかの手続きで数値データに変換する必要があるでしょう。

scikit-learnには、このような前処理で必要な処理、たとえば正規化のためのメソッドなどもきちんと用意されています。これらを駆使して効率的なデータ処理をできるようになりましょう。

COLUMN

TWtrends

次元削減（2.1.4）の例で紹介したTWtrendsは、2019年から2023年にかけて、Twitterのトレンドを追いかけて可視化しようとしたシステムです。現在もまだ動いてはいるのですが、事情によりデータが取れていないので、アクセスしても白い画面が出てくるだけです。

このシステムは、Twitterからトレンドのデータを20分おきに取得し、さらにそのトレンドの単語をキーワードとしてツイート群を取得したうえで、形態素解析、共起分析

などを加えてそれぞれのトピックを可視化するものです。キーワードをクリックすると、それぞれのトレンドに関する話題が共起ネットワークグラフとして表示され、どのようなトピックなのかを一目でわかるようにしました。

次の図は、2023年3月22日にWBCの大会で日本チームが優勝した瞬間の「歴史的瞬間」というトレンドを共起ネットワークグラフで可視化したものです。侍ジャパンや大谷、村上、トラウトという選手の名前が話題になっていた状況を読み取れます。

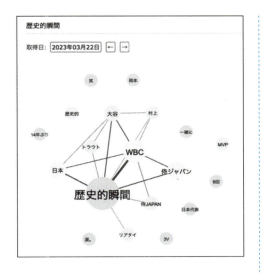

さらに、1日の終わりにはそれらのデータを総合して、その日の主要なトピックがなんであったかを示すトピックマップを作成します。トレンドの類似度を計算し、似たようなトレンドは1つのトピックとしてまとめて示すものです。

次の図は、2019年4月の最終週から5月の最初にかけての1週間を毎日のトピックマップで可視化したものです。4月30日と5月1日に巨大なトピックが現れました。なんだかわかりますか？

この週は、平成から令和へと、ちょうど元号が切り替わったという大きな話題がありました。4月30日に話題になったトレンドは「平成最後の〇〇」、5月1日に話題になったトレンドは「令和最初の〇〇」というものです。

TWtrendsのシステムはいまでも動いているのですが、先ほど述べたようにデータが取れていません。イーロン・マスクがTwitterを買収し、研究用途であっても無料でデータをほとんど提供しなくなってしまったからです。「データが欲しければ金を出せ」という方針に変わってしまい、そのための予算措置が講じられないからです。とても残念です。

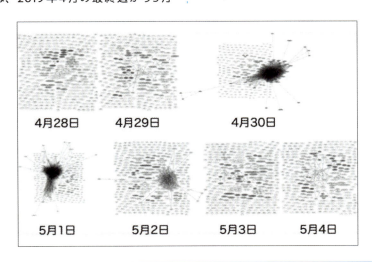

SECTION 02 どのアルゴリズムを選ぶべきか

scikit-learnのチュートリアルでは、やりたいことに対してどのような処理を選べばよいかの指針を与えるチートシートが示されています。図2.6にその概要を示します。なお、オリジナルのチートシートでは分類やクラスタリングといったそれぞれの処理のなかで、どのようなアルゴリズムを選べばよいかまで1つの表で示されていますが、本書ではそれらは後述することにして、図2.6では全体の概要を示すことにします。

2.2.1 処理の選択

まずは、分類、回帰、クラスタリング、次元削減のどのような処理が必要なのかを考えていきましょう。

図2.6 どの処理を選ぶべきか

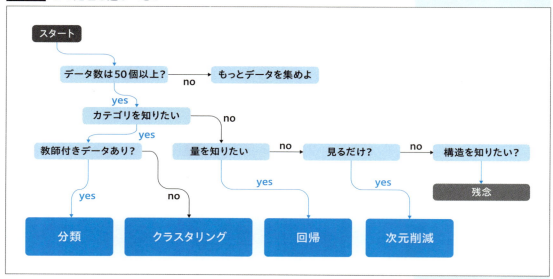

本チートシートはデータの数が50個あるかどうか？という観点から始まります。データの数が **50個に満たなければ、さすがに少なすぎ** というところでしょう。もう少し集めるように努力しましょう。

次の選択肢は、カテゴリを知りたいのか、量を知りたいのかという選択肢です。そのデータがどのようなカテゴリに属するのかを知りたいのであ

れば、分類かクラスタリングが視野に入ってきます。

　もし、教師付きデータ、あるいは個々のデータにラベルが付けられたデータセットを持っているのであれば、分類のアルゴリズムが適用可能です。そうでないならば、クラスタリングを検討しましょう。

　量的な結果を知りたいのであれば、回帰や次元削減の手法が検討対象になるでしょう。量を予測したいのであれば、回帰のアルゴリズムを選択すべきです。既存のデータについて、量的な分析をしたいだけであれば、次元削減の手法を適用すべく考えましょう。ただし、本チートシートでは、scikit-learnでできることはそこまでだという重要な示唆を与えています。すなわち、なんらかの構造的な要因を知りたいというところまでは難しいと、指摘しています。

2.2.2 分類アルゴリズムの選択

　分類したいときはどのアルゴリズムを選ぶべきでしょうか。チートシートでは、scikit-learnで使えるアルゴリズムを選択するためのフローチャートが用意されています（図2.7）。

図2.7 どのアルゴリズムを選ぶべきか（分類）

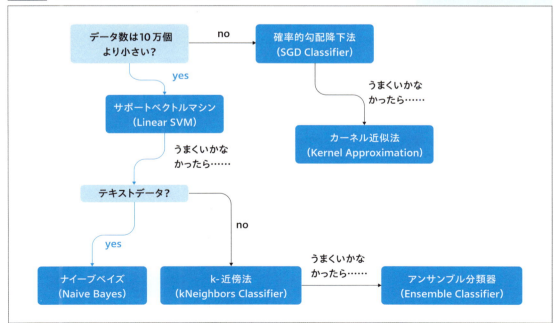

データの数が10万個以上あるようなケースであれば、SGD分類器の利用を検討します。もしそれでもうまくいかなければ、カーネル近似法と呼ばれるアルゴリズムの適用を考えましょう。

データの数が10万個以下の場合は線形のサポートベクトルマシン（SVM）を試してみましょう。うまくいかなかった場合は、次の手段を検討します。もし、対象がテキストデータであれば、ナイーブベイズによる分類器を検討しましょう。そうでない場合は、k-近傍法を使ってみましょう。それでもうまくいかなかったら、アンサンブル分類器を使うべし、とのことです。

2.2.3 クラスタリングアルゴリズムの選択

次はクラスタリングのアルゴリズムです。クラスタリングの方法にもいくつかのアルゴリズムを選択できます。適切にクラスタリングを実行するには、どのように選べばよいでしょうか（図2.8）。

図2.8 どのアルゴリズムを選ぶべきか（クラスタリング）

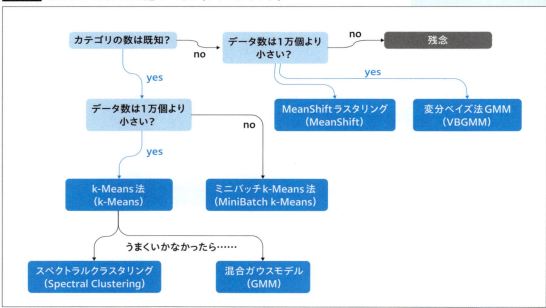

データにはラベル（教師データ）が付いていないという前提があります。そのうえで、いくつのグループに分類すべきか、カテゴリの数が事前にわ

かっているか否かで大きく選択肢は異なります。

　まずは、カテゴリの数がわかっているときを考えましょう。データの数は十分にあるでしょうか？　データの数が1万個よりも小さければk-Means法を適用しましょう。もしk-Meansがうまくいかなかった場合は、スペクトラルクラスタリングか、混合ガウスモデルの適用を考えます。

　カテゴリの数がわかっておらず、かつ、データ数が1万個に満たないときは要注意です。MeanShiftクラスタリングか変分ベイズ法混合ガウスモデルというアルゴリズムをscikit-learnでは利用できます。しかし、データ数が多数あるときには難しいとされています。

2.2.4　回帰アルゴリズムの選択

　続いて回帰アルゴリズムの選択です（図2.9）。データ数が10万個より多いときは、確率的勾配降下法を用いたSDG Regressorで処理すればよいでしょう。10万個より少ないときは、少し検討の余地が残されています。

図2.9　どのアルゴリズムを選ぶべきか（回帰）

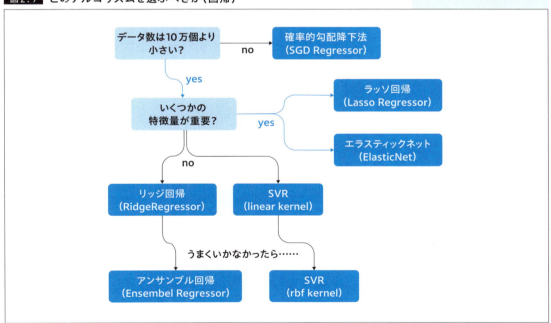

　いくつかの重要な特徴量がある場合は、ラッソ回帰かエラスティックネッ

トのアルゴリズムを検討しましょう。そうでないならば、リッジ回帰かサポートベクトルマシンを利用した回帰アルゴリズムが使えます（SVR、線形回帰）。

リッジ回帰でうまくいかなかったら、アンサンブル回帰のアルゴリズムを試してみればよいようです。サポートベクトルマシンを用いた場合、線形回帰でうまくいかなければ、カーネルトリックを用いてRBF（Radial Basis Function、放射基底関数）カーネルを用いた回帰予測をしてみましょう。

2.2.5 次元削減アルゴリズムの選択

最後は次元削減のアルゴリズムです。まずは、王道の主成分分析でしょう。主成分分析で次元削減を試みるところから始めます（図2.10）。

主成分分析でうまくいかなかったら、別のアルゴリズムを検討します。データが潤沢にある場合は、カーネル近似法を試してみましょう。そうでなければ、スペクトラル埋め込みのアルゴリズムか、イソメトリック・マッピングのアルゴリズムを検討します。スペクトラル埋め込みでもうまくいかなければ、ローカル線形埋め込み法による次元削減の適用を考えます。

図2.10 どのアルゴリズムを選ぶべきか（次元削減）

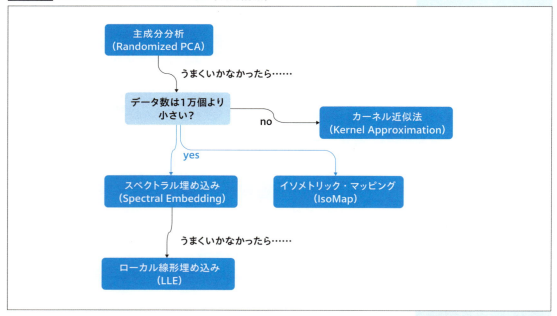

以上、やりたいことに合わせてscikit-learnが用意しているどのメソッドを用いればよいかをチートシート形式で紹介しました。具体的な使い方は、これから説明するプログラミング手法を参考にしてください。本書にはscikit-learnのすべてを説明するだけの紙面がないので、オンラインの解説記事も参考にしながら活用しましょう。

COLUMN

アルゴリズムの選択

本節で示したように、データの数や種類、やりたいことの詳細によって選択的にアルゴリズムを選ぶ指針が与えられているのはとてもありがたいことです。通常、どのアルゴリズムを使うべきかは、経験や知識によるところが大きいからです。

ただし、このようなチートシートによる選択も、あくまで1つの指針を示しているだけということには注意してください。最終的には試行錯誤しながらアルゴリズムを決めていく必要があるでしょう。

昨今は、ハードウェアの能力が劇的に向上し、いくらでも試行錯誤できるような状況になっている点は素晴らしく、とにかくやってみるという方針で進めましょう。間違っても死ぬことはありません。

SECTION 03

scikit-learn はじめの一歩

ではいよいよ、scikit-learn を用いたプログラミングを紹介します。前章と同様、プログラミング環境には Google Colaboratory を利用します。新しいノートを作成して、そのうえでプログラミングをしていきましょう。

2.3.1 モデルのフィッティング

scikit-learn の基礎を学ぶために、チュートリアルを追いかけながら、その本質に迫ります。最初のコードは次のようなものです。

リスト2.1 クラス分類の例

```python
from sklearn.ensemble import RandomForestClassifier
# ランダムフォレスト分類器を用意
RandomForestClassifier
clf = RandomForestClassifier(random_state=0)
# データとラベル
X = [[ 1, 2, 3], [11, 12, 13]]
y = [0, 1]
# フィッティングする
clf.fit(X, y)
```

この例題は、クラス分類です。ランダムフォレストというアルゴリズムを用いてデータを分類します。学習データとして、(1, 2, 3) および (11, 12, 13) という2つのデータを用いています。3個のパラメータを持つデータ、2つです。さらに、それぞれに対応するラベル（教師データ）は0と1です。

学習データとラベルはそれぞれ変数 X と y に格納されています。fit() メソッドを用いて、X に格納されたデータを用いてモデルのフィッティングを行います。分類器の学習です。

フィッティングに用いたデータそのものを用いて分類結果を出力してみます。以下のコードを試してみましょう。

064　SECTION 03 | scikit-learn はじめの一歩

リスト2.2

```
clf.predict(X)
```

図2.11 Google Colaboratoryでの実行の様子

この結果として、array([0, 1])という結果が出力されたはずです。これは、1つめのデータが0というクラスに、2つめのデータが1というクラスに分類されたという結果を意味します。学習データとして与えたデータはそれぞれ0および1のクラスに属しており、学習データを用いて予測を出力したので、**学習に用いたラベルがそのまま出力されるのは当然**といえるでしょう。

それでは、違うデータを用いて予測を出力してみましょう。(4, 5, 6)と(14, 15, 16)というデータを与えてみます。

リスト2.3

```
clf.predict([[4, 5, 6], [14, 15, 16]])
```

この結果もやはり、array([0, 1])となります。もう少し違う例も試してみます。

リスト2.4

```
clf.predict([[10, 10, 10], [2, 3, 1], [5, 5, 5]])
```

この結果は、array([1, 0, 0])となりました。(10, 10, 10)というデータは1に、それ以外のデータは0というカテゴリに分類されています。

なお、学習に用いるデータとラベルは、配列相当のデータであればよいとされています。配列相当のデータは、NumPyのarray、数を要素に持つリスト、pandasのデータフレームやシリーズなどです。必要に応じて、これらのデータフォーマットに変えてあげましょう。

2.3.2 データ変換と前処理

前節で、データの前処理が重要だと説明しました。次に学ぶべきは、**データの変換（トランスフォーム）と前処理のプロセス**です。

データを取得してなにがしかの判別処理をし、結果を出すという作業は、いくつかの工程で成り立ちます。次項ではそれらを自動化するためのパイプラインについて考えますが、その部品として、データ変換と前処理のステップを理解しておかねばなりません。

次のコードは、データの正規化[4]処理をするStandardScalerの利用例です。オブジェクトを変数に格納せず、メソッドチェーン[5]で記述している点に注意してください。

> 用語
>
> **4** 正規化とは、データのばらつきを抑え直接比較できるように±1の範囲に置き換える処理のことです。この例では、-20から20の範囲を-1から1に変換しています。

リスト2.5

```
from sklearn.preprocessing import StandardScaler
X = [[ 1,  2,  3], [11, 12, 13]]
Z = [[-20, -20, -20], [20, 20, 20]]
StandardScaler().fit(Z).transform(X)
```

Xは先ほど示したデータですが、再掲しました。正規化処理を行うStandardScalerオブジェクトのfitメソッドを用いて、Zで示す値を基準にデータ変換を行う指示を行います。その後、transform()メソッドにより実データを正規化した変換結果が得られます。

上記のコードを実行すると、次のような結果が得られるでしょう。正規化後のデータです。変数Xに入っているデータが変換されている様子を確かめてください。

> 用語
>
> **5** a(), b(), c()という複数のメソッドを、a().b().c()というようにドットでつなげて順番に処理する記法のこと。

066　SECTION 03 | scikit-learnはじめの一歩

実行結果

```
array([[0.05, 0.1 , 0.15],
       [0.55, 0.6 , 0.65]])
```

2.3.3 パイプライン処理

　正規化や前処理など一連の処理を、パイプライン（Pipeline）オブジェクトとしてまとめて管理できるようになっています。次のコードは、make_pipelineメソッドで正規化処理（StandardScaler）とロジスティック回帰（LogisticRegression）の手続きをまとめています。

リスト2.6　パイプライン処理の例

```python
from sklearn.preprocessing import StandardScaler
from sklearn.linear_model import LogisticRegression
from sklearn.pipeline import make_pipeline
from sklearn.datasets import load_iris
from sklearn.model_selection import train_test_split
from sklearn.metrics import accuracy_score


# パイプラインオブジェクトの作成
pipe = make_pipeline(StandardScaler(), LogisticRegression())


# irisデータセットをロードし、学習データとテストデータに分割する
X, y = load_iris(return_X_y=True)
X_train, X_test, y_train, y_test = train_test_split(X, y, random_state=0)


# モデルのフィッティング
pipe.fit(X_train, y_train)
# 予測制度の計測
accuracy_score(pipe.predict(X_test), y_test)
```

　なお、処理対象のデータセットはirisデータセットです。このirisデータセットは非常に有名なデータセットで、3種類のあやめに関する4個の特徴量を備えたデータセットです。データセットの詳細については後述します。

load_iris関数でirisデータセットをロードし、さらに、train_test_split関数を用いて学習データとテストデータに分割します。その結果、変数X_trainとy_trainには学習用のデータとラベル（0, 1, 2）が、X_testとy_testにはテスト用のデータとラベルが代入されます。

正規化処理とロジスティック回帰[6]の処理は変数pipeにパイプラインとしてまとめられているので、そのままfitメソッドを適用するだけで一連の処理が実施されます。便利ですね。最後に予測精度を計測すると、**97%程度の予測結果を得られます**。一連の手順を図2.12に示します。

実際にどのような予測がなされているかを確認するには、次のコードを実行すればOKです。

| 用 語 |

[6] ロジスティック回帰とは、2値を予測する判別器です。ここでは3種類の判断を行っているので、内部で2値判別器を組み合わせて多値判別器として使用しています。

リスト2.7

```
pipe.predict(X_test)
```

図2.12　処理手順

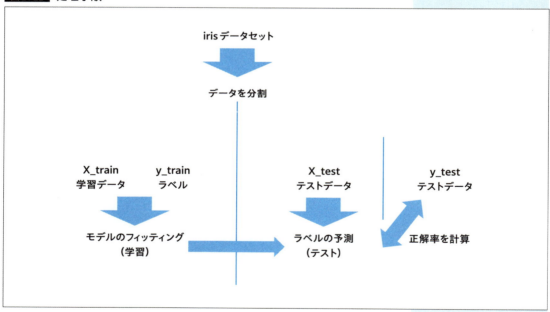

この結果として、次のような予測結果を得られることを確かめてみてください。テストデータに含まれているそれぞれのデータが、0から2までのクラスのデータであると予測されている状況がわかるでしょう。

実行結果

```
array([2, 1, 0, 2, 0, 2, 0, 1, 1, 1, 2, 1, 1, 1, 1, 0, 1, 1, 0, 0, 2, 1, 0, 0, 2,
0, 0, 1, 1, 0, 2, 1, 0, 2, 2, 1, 0, 2])
```

2.3.4 モデルの評価

　学習データを用いてモデルのフィッティングを行った結果は、新たなデータに対しても完全な予測や分類ができることを保証するものではありません。学習データとは別のデータを用いて検証する必要があります。前項で、データセットを学習データとテストデータに分割するtrain_test_split関数を紹介しました。そのほかにも、scikit-learnにはクロスバリデーションを行うための道具立てが用意されています。

　クロスバリデーション、あるいはクロス検証、交差検証とは、データを十分に用意できない場合に、手持ちのデータを学習データとテストデータに分けるときの分け方を工夫して、**効果的なモデルの検証を行う方法**です。

　図2.13 にその具体的なやり方を示しています。データ全体を6個の部分データ群に分割します。そのうちの1つをテストデータとし、残りのデータでモデルを学習させます。各回でテストデータに使うグループを変えて実行する様子が 図2.13 に示されています。

図2.13　クロスバリデーション

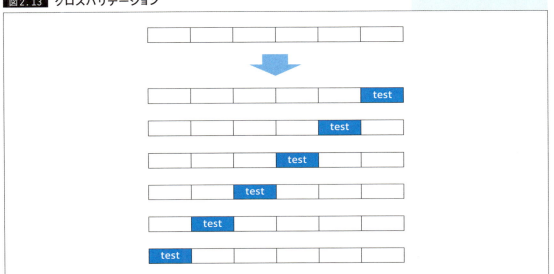

次のプログラムは、クロスバリデーションを実際に行うコードです。make_regression関数は回帰問題に使うランダムなデータを用意するものです。線形回帰（LinearRegression）モデルを作成して、cross_validate関数でクロスバリデーションを行います。

リスト2.8 クロスバリデーションの実行例

```
from sklearn.datasets import make_regression
from sklearn.linear_model import LinearRegression
from sklearn.model_selection import cross_validate

X, y = make_regression(n_samples=1000, random_state=0)
lr = LinearRegression()
result = cross_validate(lr, X, y)
result
```

結果は変数resultに入れられています。その内容を確認してみましょう。次のような結果が得られましたか？[7]

> **MEMO**
> 7 実行状況によるので、それぞれの数値は異なるはずです。

実行結果

```
{'fit_time': array([0.05732346, 0.47758436, 0.44853663, 0.03644538, 0.44622278]),
 'score_time': array([0.00132251, 0.00608325, 0.00525975, 0.00258303, 0.01505876]),
 'test_score': array([1., 1., 1., 1., 1.])}
```

デフォルトでは、データ全体を5個のデータ群に分割したクロスバリデーション[8]が行われます。モデルのフィッティングにかかった時間、テストデータでの検証にかかった時間、および検証結果のスコアがそれぞれ提示されています。

> **MEMO**
> 8 すなわち、学習データに4/5、テストデータに1/5のデータを用いて検証します。

2.3.5 パラメータの自動検索

機械学習において、学習させる判別器になんらかのパラメータ[9]が備えられていて、その値を調整することによりモデルの挙動をある程度制御できる場合があります。scikit-learnにはパラメータの値として最適なものを探索するツールも用意されています。

> **MEMO**
> 9 「ハイパーパラメータ」と呼ばれることもあります。

次のプログラムは、ランダムフォレスト回帰（RandomForestRegressor）
を用いた場合のパラメータ自動探索を行う例です。ランダムフォレスト回
帰には、ツリーの数を定めるもの（n_estimators）と、それぞれのツリー
における最大深度（max_depth）という2つのパラメータが用意されてい
ます。RandomizedSearchCVを用いると、クロスバリデーションを繰り返
し、それぞれのパラメータの最適解[10]を自動で探してくれます。

> **MEMO**
>
> **10** 学習データに対する
> 最適解であり、どのような
> データに対しても最適なパ
> ラメータというわけではな
> いことに注意しましょう。

リスト2.9 パラメータ自動探索の例

```python
from sklearn.datasets import fetch_california_housing
from sklearn.ensemble import RandomForestRegressor
from sklearn.model_selection import RandomizedSearchCV
from sklearn.model_selection import train_test_split
from scipy.stats import randint

# データを用意し、学習データとテストデータに分割する
X, y = fetch_california_housing(return_X_y=True)
X_train, X_test, y_train, y_test = train_test_split(X, y, random_state=0)
# 探索するパラメータ空間を定義する
param_distributions = {'n_estimators': randint(1, 5),
                       'max_depth': randint(5, 10)}
# データ検索をするsearchオブジェクトを作成する
search = RandomizedSearchCV(estimator=RandomForestRegressor(random_state=0),
                           n_iter=5,
                           param_distributions=param_distributions,
                           random_state=0)
search.fit(X_train, y_train)
search.best_params_
```

最後のbest_params_メソッドを実行すると、最適解が表示されるはず
です。

実行結果

```
{'max_depth': 9, 'n_estimators': 4}
```

ツリーの最大深度は9、その数は4であることが望ましいと出ました。

有名なデータセット

本書でも紹介しているirisのデータやMNISTの手書き文字データは、機械学習やAIを勉強しようとすると必ず目にするデータセットです。「ああ、またか」と思った読者の皆さんもいるかもしれません。その他、機械学習を学ぼうとするとしばしば出てくる有名なデータセットがあります。そのいくつかを紹介します。

タイタニック号の生存予測:

Kaggleが提供するこのデータ[*]は、有名なタイタニック号に乗船していた乗客に関する生存の有無を判別するタスクというテーマでしばしば用いられるデータです。乗客のID、生存の有無、チケットのクラス、名前、性別、年齢、乗船している兄弟や配偶者の数、同じく親子供の数、チケット番号、運賃、部屋番号、乗船地といったデータが与えられています。これを使い、生存の有無を目的変数として、判別のタスクを行います。

カリフォルニアの住宅価格:

これもKaggleによるもの[**]です。米国カリフォルニアにおける住宅の価格を、いくつかの変数から予測するというタスクがテーマとして与えられます。収入の中央値、ブロック内の築年数（中央値）、平均部屋数、ベッドルーム数の平均値、ブロックの人口、平均住宅占有率、家屋の緯度、そして、ハウスブロックの経度が与えられます。

CIFAR-10データセット:

トロント大学が公開している、著名な画像データセットです（Alex、2009年）。32×32画素の画像データが6万件用意されており、それらには10のラベルが与えられています。ラベルは、飛行機、自動車、鳥、猫、鹿、犬、カエル、船、トラックの10種類です。画像データのクラス分類問題のデータとしてよく利用されます。

これらのほかにも、多数の有名なデータセットが公開されています。処理の性能を競うコンテストのために提供されたり、AI関連の研究者や研究組織によってこの分野の研究を加速させるために公開されたりしているものです。探せばたくさんの面白いデータセットが見つかります。多くは無償で利用できます。感謝しつつ、使わせてもらいましょう。

[*] https://www.kaggle.com/competitions/titanic
[**] https://www.kaggle.com/datasets/camnugent/california-housing-prices

SECTION 04 scikit-learnの応用例

scikit-learnでひと通りなにができるかを理解したところで、その応用例を考えてみましょう。対象とするデータは前節で簡単に紹介したirisデータセットとし、サポートベクトルマシンを用いた分類器を構成してみます。

2.4.1 irisデータセット

irisデータセットは3種類（setosa、versicolor、virginica）のあやめ（図2.14）に関するデータの集合で、それぞれのデータは4個の特徴量、sepal_length、sepal_width、petal_length、petal_width（「がく」の長さと幅、「花びら」の長さと幅）を備えています（図2.15）。まずは、可視化してどのような特徴を持つデータなのかを確認してみましょう。

図2.14 iris（あやめ）

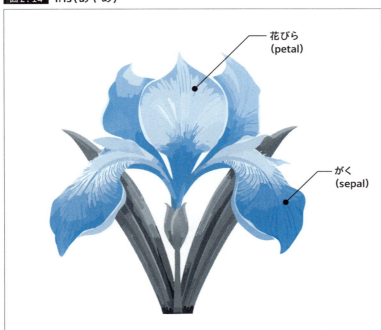

図2.15 iris データセットの内容

sepal_length （がくの長さ）	sepal_width （がくの幅）	petal_length （花びらの長さ）	petal_width （花びらの幅）	種類
5.1	3.5	1.4	0.2	Iris-setosa
4.9	3.0	1.4	0.2	Iris-setosa
4.7	3.2	1.3	0.2	Iris-setosa
4.6	3.1	1.5	0.2	Iris-setosa
5.0	3.6	1.4	0.2	Iris-setosa
⋮	⋮	⋮	⋮	
7.0	3.2	4.7	1.4	Iris-versicolor
6.4	3.2	4.5	1.5	Iris-versicolor
6.9	3.1	4.9	1.5	Iris-versicolor
5.5	2.3	4.0	1.3	Iris-versicolor
6.5	2.8	4.6	1.5	Iris-versicolor
⋮	⋮	⋮	⋮	
6.3	3.3	6.0	2.5	Iris-virginica
5.8	2.7	5.1	1.9	Iris-virginica
7.1	3.0	5.9	2.1	Iris-virginica
6.3	2.9	5.6	1.8	Iris-virginica
6.5	3.0	5.8	2.2	Iris-virginica

※単位はcm

　次のコードで4個の特徴量から2個を選んだときの相関図を示します。可視化のライブラリにはseabornを利用しました。

リスト2.10

```
from sklearn.datasets import load_iris
import seaborn as sns


iris_dataset = sns.load_dataset('iris')
sns.pairplot(iris_dataset, hue='species', palette='husl')
```

　図2.16 のような結果が得られました。それぞれ2種類のパラメータに関する相関図と対角線上には、そのパラメータに関する値の分布状況が並んでいます。

図2.16 IRISデータセットの分布

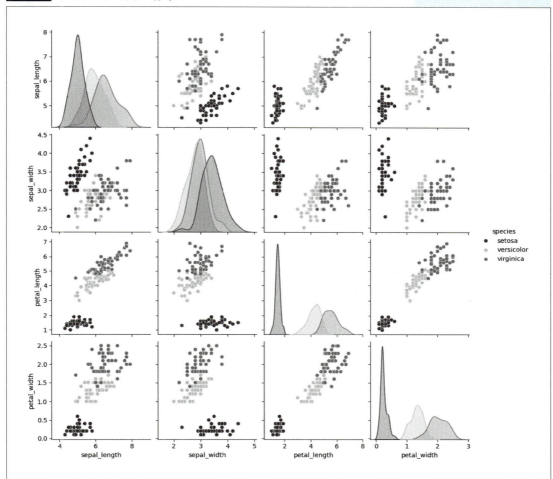

　ざっと見る限りは、setosaとそれ以外は簡単に分離できそうな印象です。versicolorとvirginicaは重なっている部分もあり、少し難しいかもしれません。

2.4.2 サポートベクトルマシン

図2.7 に示した分類に関するチートシートによれば、データ数はさほど多くないので線形のサポートベクトルマシン（SVM）で分類器を作るのがよさそうです。なお、iris データセットに含まれるデータ数は、リスト2.10 のコードのあとに以下を実行すれば確認できます。

リスト2.11
```
len(iris_dataset)
```

このコードを実行すると150と出ました。iris データセットは、データ数が150個のこぢんまりとしたデータセットです。

本来、SVMは2クラス分類器です。すなわち、得られたデータがクラスAかクラスBか、どちらのクラスに含まれるかを判定するものです。ただし、それらを組み合わせることで、多クラス分類器へ拡張もできます。

図2.17 SVMの原理（マージン最大化）

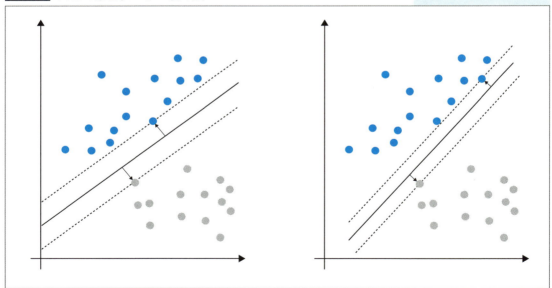

SVMの原理は、「2つのデータを分離する分離面（分離直線）から最も近いデータまでの距離を最大化するように分離面を定める」というものです。分離面から最も近いデータまでのベクトルを「サポートベクトル」とい

い、その長さを「マージン」と呼びます。言葉を変えれば、**マージンを最大化すべく分離面を定めるという手法**です。

図2.17 において、左側と右側を比較すれば、左のほうがマージンが大きくなっていることは一目瞭然でしょう。2本の点線の間に引かれている線が分離面です。矢印はサポートベクトルを示しています。

マージンを最大化する意図はなんでしょうか。それは、マージンを大きくとっておけば、新たなデータが得られたときに誤判定となる確率を減らせるからです。未知のデータは揺らぎます。マージンが少ないと、データの誤差が影響して分離面を超えてしまうかもしれません。それゆえに、マージンをできるだけ大きく取れるような分離面を用意する必要があるのです。

2.4.3 線形SVMによる分類

図2.17 に示したSVMは、直線（平面）で空間を分離する「線形SVM」と呼ばれる判別器です。実際には複雑な分布を持つデータが組み合わさっていることも多く、線形SVMではきれいに分離できないケースもしばしば発生します。そのようなときは、**カーネルトリックと呼ばれる方法**を用いて上手に非線形の分離面を構築することを考えます。

とりあえず、線形SVMを用いてirisデータセットの判別を試みることにしましょう。

リスト2.12 irisデータの判別

```python
from sklearn.svm import LinearSVC
from sklearn.pipeline import make_pipeline
from sklearn.preprocessing import StandardScaler
from sklearn.datasets import load_iris
from sklearn.metrics import accuracy_score

# データセットのロードと準備
X, y = load_iris(return_X_y=True)
X_train, X_test, y_train, y_test = train_test_split(X, y, random_state=0)
pipe = make_pipeline(StandardScaler(),
                     LinearSVC(random_state=0, dual='auto', tol=1e-5))
# 学習と評価
pipe.fit(X_train, y_train)
accuracy_score(pipe.predict(X_test), y_test)
```

コードはほぼこれまで解説してきたとおりなので、説明する必要もないかもしれません。load_iris 関数で準備したデータ（およびそのラベル）を用意し、train_test_split 関数で学習データ X_train、y_train とテストデータ X_tes、y_test に分割しています[11]。さらに、make_pipline 関数を用いて、StandardScaler で標準化したあとのデータを LinearSVC による線形 SVM 分類器にかけるというパイプラインを作ります。準備ができたら学習データでフィッティングを行い、どれだけ正確に予測できたか精度を評価しています。

実行した結果、0.9473684210526315 という数値が表示されました。95% の正確性は、そこそこの結果といえるでしょう。

なお、そのあとに次のコードを実行してみてください。

> MEMO
>
> [11] それぞれのデータ数は、len(X_train) などとすれば確認できます。150 個のデータは、学習用に 112 個、テスト用に 38 個として分割されます。

リスト2.13

```
pipe.predict(X_test)
```

すると、次のような結果が出ました。

実行結果

```
array([2, 1, 0, 2, 0, 2, 0, 1, 1, 1, 1, 1, 1, 1, 1, 0, 1, 1, 0, 0, 2, 1, 0, 0, 2,
0, 0, 1, 1, 0, 2, 1, 0, 2, 2, 1, 0, 2])
```

「2.3.3 パイプライン処理」で実施したときの結果（069 ページ）と比較してみてください。1 箇所を除き、同じ結果が得られています。分類器として、ほかのアルゴリズムと比較しても遜色ないことがわかります。

2.4.4 PCAを用いた次元削減

図2.16 では、特徴量を部分的に取り出してその相関や分布を見ました。では、全体を一目で俯瞰する方法はないでしょうか。iris データセットは 4 種類の特徴量を保持しています。4次元データは直接確認できないので、次元削減を試みましょう。

リスト2.14

```python
from sklearn.decomposition import PCA
from sklearn.datasets import load_iris
import seaborn as sns
import pandas as pd

# データのロードと主成分への変換
X, y = load_iris(return_X_y=True)
pca = PCA(n_components=2)
pca.fit(X)
X_pca = pca.transform(X)

# データフレームの準備
df = pd.DataFrame(data=X_pca, columns=['c1', 'c2'])
name = ['setosa', 'versicolor', 'virginica']
df['species'] = y
df['species'] = df['species'].apply(lambda x: name[x])

# 散布図の描画
sns.scatterplot(data=df, x='c1', y='c2', hue='species', palette='husl')
```

　PCAは主成分分析を実行するためのオブジェクトです。n_components=2として、2次元に縮退させるよう指示しています。fit()メソッドでフィッティングさせたのち、transform()メソッドで座標変換したものをX_pca変数に改めて入れ直しています。

　その後の処理はやや冗長です。2次元に縮退させた軸のラベルをここでは便宜上c1、c2とし、データフレームを作り直しています。教師データyを「species」という名のカラムで再設定しているのですが、yそのものは0、1、2というインデックスなので、name配列を利用してそれぞれの名称を与えています。

　最後にSeabornの散布図描画機能を利用して、得られたグラフが**図2.18**です。一部、versicolorとvirginicaが近接しているところがあるものの、本質的には2次元に縮約しても分類の精度はあまり落ちなそうなこと、setosaに関してはほかの2種類と明らかに異なることなどをこのグラフから読み取れるでしょう。

図2.18 データセットの次元削減結果

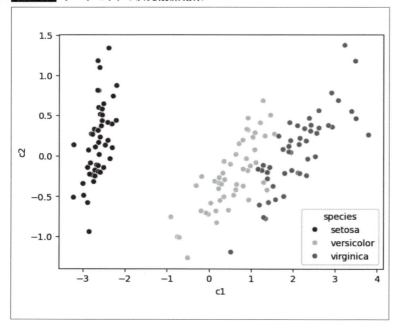

2.4.5 非線形SVM（カーネル法）

　ところで、先ほどSVMは線形の判別器であると説明しました。多少、恣意的なデータ例ではありますが、図2.19 に示すような2クラスのデータを考えてみましょう。すなわち、中心に薄いグレーで示されたクラスAのデータが散らばり、その外側を取り囲むようにクラスBのデータが散らばっているというような状況です。具体的には、縦横にxy軸を取ったときに、原点を中心とする単位円内に入っているならばクラスA、そうでなければクラスBに分類されているデータです。

図2.19 線形SVMではうまく分類できなさそうなデータ

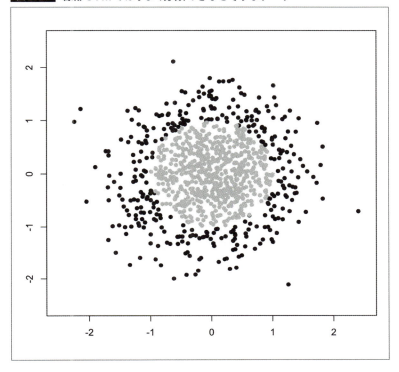

　この状況はどう頑張っても、AとBの2つのクラスを直線で分離させることはできません。ではこの図に直線を引いて、グレーと黒に分けることはできるでしょうか？ できませんね。ところが、カーネル関数という仕掛けを用いて次元を増やしてあげることで、線形な分離面で分離させることができる場合があるのです。

　ここで、次のような関数を考えます。このような関数を「カーネル関数」と呼びます。

　　$z = x^2 + y^2$

　新たにz軸を導入し、3次元空間でこれらのデータをプロットしてみます。おや？ このデータ、z = 1という平面で、グレーと黒のデータを区別することができそうですよ。

図2.20 カーネル関数で次元を増やすことで線形分離可能に

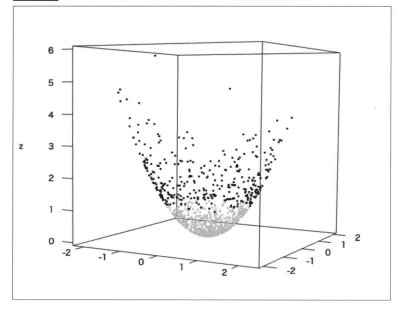

　このように、SVMではカーネル法という手法を用いて、非線形な分離面を作ることも簡単にできるようになっているのです。もちろん、この例のようにカーネル関数があらかじめきれいにわかっているケースは稀です。試行錯誤をして最適なパラメータを探索しなければなりません。

2.4.6 SVMによる分類の実際（線形SVM）

　先ほどはirisのデータを用いてSVMによる分類を試してみましたが、別のデータを用いて、再度、SVMによる分類を確かめてみましょう。分類対象とするテストデータを用意します。テストデータも、scikit-learnが用意しているmake_classificationという関数を使って簡単に用意できます。

　テストデータを作成するコードを次に示します。make_classificationの引数には、生成するデータの数（n_samples）、特徴量の数（n_features）、用意するクラスの数（n_classes）などを並べます。n_informativeやn_redundantといったパラメータで特徴量の性質を定義できますが、今回は2次元なので簡単な指定しかできません。また、random_stateで乱数のシードを指定できます。この値をいろいろと変えてみると、データの形が変わるので、さまざまな分布で試行してみるとよいでしょう。

リスト2.15 テストデータの生成

```
import pandas as pd
from sklearn.datasets import make_classification

(data, label) = make_classification(n_samples=1000,
                    n_features=2, n_classes=2,
                    n_informative=2, n_redundant=0, random_state=133)
# データフレームの用意と散布図の描画
df = pd.DataFrame({'x1':[d[0] for d in data],
                   'x2':[d[1] for d in data],
                   'label':label})
df.plot.scatter(x='x1', y='x2',c=df['label'].map({0:'blue', 1:'red'}), s=5)
```

用意したデータからデータフレームを作り、散布図を描きます。クラス0を青（紙面上は黒）で、クラス1を赤（紙面上はグレー）で描画しています（図2.21）。

図2.21 対象とするデータ

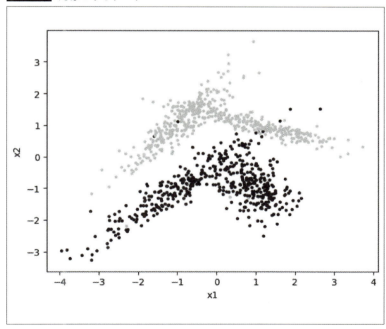

図2.21をパッと見て、直線で黒とグレーを分割できそうでしょうか？と

ころどころノイズのように埋もれている他クラスのデータはともかくとして、おおざっぱに見ても直線で分割するのはやや難しそうです。

とりあえず、線形サポートベクトル分類器（Linear Support Vector Classifier、LinearSVC）を用いて学習させてみましょう。fit()メソッドにデータそのものとラベル（教師データ）を与えて学習させます。その後、accuracy_score関数で予測結果（clf.predict(data)）とラベルを比較し、どれくらい正しく判別できるか確認してみましょう。

リスト2.16　線形SVCによる分類

```python
from sklearn.svm import LinearSVC
from sklearn.metrics import accuracy_score

clf = LinearSVC(random_state=0, dual='auto', tol=1e-5)
clf.fit(data, label)
accuracy_score(clf.predict(data), label)
```

結果は0.939と出ました。94%程度の正解率で悪くはありませんが、特段によいスコアとも言い難いところです。

クラスを分類する直線はどうなっているでしょうか。分離面の表示には、mlxtendパッケージのplottingモジュールに含まれているplot_decision_regions関数を用いて描画できます。

リスト2.17

```python
from mlxtend.plotting import plot_decision_regions

plot_decision_regions(data, label, clf=clf)
```

このコードで描画した分類結果を 図2.22 に示します。やはり、直線で分割するのは若干の無理がありそうです。

図2.22 LinearSVCによる分類結果

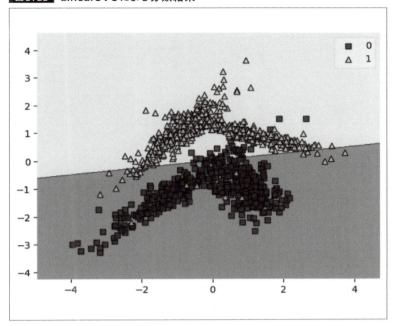

2.4.7 SVMによる分類の実際（非線形SVM）

このデータを線形の判別器で分類するのは限界がありそうです。そこで、カーネル関数を用いた非線形の判別器を試してみることにしましょう。

リスト2.18 非線形SVCによる分類（1）

```
from sklearn.svm import NuSVC

clf = NuSVC(nu=0.1, random_state=0)
clf.fit(data, label)
accuracy_score(clf.predict(data), label)
```

LinearSVCの代わりに、NuSVCと呼ばれる非線形カーネルを用いたSVM判別器を使ってみます。コードはほぼ同じです。パラメータnuはとりあえず0.1としてみました。その結果、正解率は0.984とかなり向上しています。

先ほどと同様、plot_desision_regions関数を使って境界面を表示してみたところ、図2.23のようになりました。たしかに、線形の判別器よりは上手に分離できているように見えます。

リスト2.19

```
plot_decision_regions(data, label, clf=clf)
```

図2.23 NuSVCによる分類結果

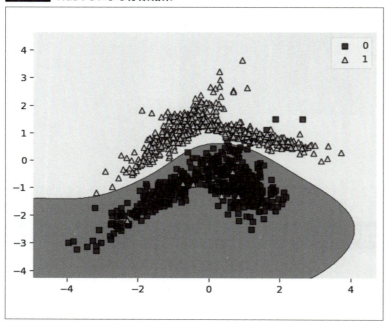

違うタイプの非線形サポートベクトル分類器も適用してみます。SVCという判別器は、内部でRBF（Radial Basis Function、放射基底関数）カーネルを利用しています。

リスト2.20 非線形SVCによる分類(2)

```
from sklearn.svm import SVC

clf = SVC(gamma=0.1, random_state=0)
clf.fit(data, label)
accuracy_score(clf.predict(data), label)
```

パラメータgammaをまずは0.1に設定して学習させてみました。その結果得られた正解率は0.98と、こちらもかなりよい感じです。境界面は図2.24のようになりました。こちらも**よい感じに境界面を設定**できています。

リスト2.21

```
plot_decision_regions(data, label, clf=clf)
```

図2.24 SVC（RBFカーネル）による分類結果（1）

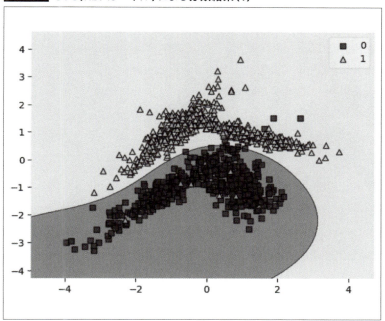

パラメータgammaの値を変えてみるとどうなるでしょうか？

次のコードを試してみます。gammaの値を2.0に設定し、再度学習させてみます。

リスト2.22 非線形SVCによる分類（3）

```
clf = SVC(gamma=2.0, random_state=0)
clf.fit(data, label)
accuracy_score(clf.predict(data), label)
```

正解率は0.985と多少向上しましたが、境界面はどうなっているでしょうか？境界面を確認してみると、図2.25のようになりました。

リスト2.23

```
plot_decision_regions(data, label, clf=clf)
```

図2.25　SVC（RBFカーネル）による分類結果（2）

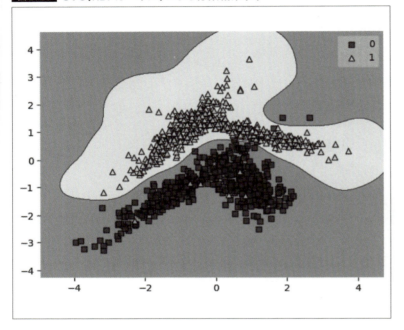

これまでと異なり、クラス0が優勢になっています。クラス1のデータが新たに加わると、誤判定の可能性が増えるかもしれません。このように、パラメータの調整は難しいことも覚えておくとよいでしょう。

パラメータの調整と過学習

学習データを用いてAIのモデルを学習させるときに、そのテストデータにより合致するよう学習を進めすぎると、学習データ以外のデータに適用した際にはうまく結果が得られないような状況に陥ることがあります。こうした状況のことを、過学習といいます。

RBFカーネルによる分類器のパラメータ調整を例に考えてみましょう。パラメータgammaの値を大きくすると、これまで優勢だったクラス1に代わり、クラス0が支配的になっていく状況を確認しました。

この状況は、ある意味で、gammaの値を大きくすることにより境界面が与えられたクラス1のデータによりフィットしていくと考えることもできます。クラス1の学習データに過学習しているような状況です。

別のケースを考えましょう。xというデータが与えられたときにyが定まるような、一般的には線形回帰モデルが適用できるような状況を考えます。線形回帰では、誤差の二乗和が最小になるような直線を引くことで、線形回帰モデルを求めます。そのような状況で、線形ではなく多項式のモデルを用いパラメータ数を増やしていくと、既存のデータにほどよくフィットするような非線形モデルを考えることはいくらでもできるでしょう（次図）。

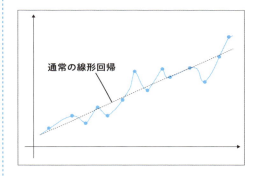

極端な例を考えれば、データの個数分だけ高い次元を用意した多項式を用いて正確にフィッティングさせることは可能です。しかし、このような当てはめになんの意味があるでしょうか？このようなモデルは、学習データ以外のデータに対して非常に脆弱なモデルです。実際には、適切なパラメータで妥当なモデルを表現することが大切です。

CHAPTER2 のまとめ

本章では、機械学習プログラミングの基礎として、scikit-learnを紹介し、以下のことを学びました。

- [ ] scikit-learnを用いてできること、分類、回帰、クラスタリング、次元削減、モデル選択と前処理といった、機械学習に関するデータ処理の基本を学びました。
- [ ] scikit-learnが用意しているチートシートを確認し、やりたいことやデータの数、種類に応じてどのアルゴリズムを用いればよいかというアルゴリズムの選び方を学びました。
- [ ] scikit-learnはじめの一歩として、モデルのフィッティングからデータの前処理、パイプラインの構築、モデルの評価、パラメータの自動検索といった、scikit-learnを用いて実施する一連のプロセスを簡単に概観しました。
- [ ] さらに、irisデータセットを用いて、scikit-learnを用いたデータ処理の応用例を見ました。具体的には、SVMを用いた判別器を紹介し、さらにカーネル法といったSVMの応用事例についても体験しました。

本章で具体的に紹介した機械学習の事例はSVMですが、SVMは非常にシンプルな判別器であり、機械学習のアルゴリズムはほかにもさまざまなものがあります。ただし、SVMはシンプルながらときとして非常に強力な判別性能を示します（田村、2022年）。原理がわかりやすい一方で応用の利くアルゴリズムなので、使えるようになっておいて損はないでしょう。

CHAPTER

3

PyTorchを使った画像認識

本章では、機械学習による画像認識に挑戦します。昨今のPythonの流行には、人工知能（AI）や機械学習向けのライブラリが豊富に提供されているという理由も一役買っています。選択の自由があるだけでなく、大量のデータを処理するためにGPUを利用する工夫がなされていたり、データセットも簡単に使えるようにAPIが整備されていたりと、使い勝手もなかなかよい点もウケている理由です。

本章では、とくに画像認識に秀でた機械学習のライブラリを試し、その実力を測ってみましょう。

SECTION 01 PyTorch入門

本章で紹介する機械学習のライブラリは PyTorch です。PyTorch は、古くからある Torch という機械学習のライブラリを Python から使えるようにしたものです。

本節では、そもそも PyTorch とはなにかを簡単に紹介し、最初の一歩であるサンプルデータの導入までを解説します。

3.1.1 PyTorchとは

　Torch 自体は、2002 年に最初のバージョンが公開された歴史のあるソフトウェアです（Collobert et al.、2002 年）。機械学習のアルゴリズムが C や C++ で実装され、当初は Lua というプログラミング言語をベースとしたスクリプティング言語と機械学習のフレームワーク、ライブラリなどが提供されていました。

　PyTorch 自体は、Facebook の AI リサーチラボ（FAIR）で Torch をもとにして開発されました。その実装は、オープンソースソフトウェアとして修正 BSD ライセンスで公開されています（図3.1）。ただし、ライブラリとして私たちが利用するだけであれば、ソースコードまで追いかけて調べる必要はないでしょう。

図3.1 PyTorchのサイト

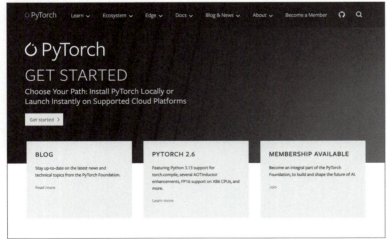

https://pytorch.org/

PyTorchには豊富なチュートリアルが用意されています。ただし、膨大な量があるのですべてに目を通すのはなかなか大変です。本章ではまず、「MNIST」というデータセットを対象にしたシンプルな機械学習の事例を参考に、実際に画像を分類するコードを試してみます。学習前と学習後の処理結果を試してみることで、機械学習の効果を感じてもらえることを期待しています。

3.1.2 PyTorchを触ってみよう

今回もGoogle Colaboratory（以下、Colab）の利用を前提として話を進めます。皆さんも適当なノートブックをColabに用意して、手を動かしながら確認してみてください。

まずは、使用するライブラリのインポートから始めましょう。ColabのランタイムにはPyTorchが組み込まれているので、pipなどで事前に準備する必要はありません[1]。次のコードを実行してください。

> **MEMO**
> **1** 個別のプラットフォームにおけるインストール方法は後述します。

リスト3.1

```
import matplotlib.pyplot as plt
import torchvision.transforms as transforms
from torch.utils.data import DataLoader
from torchvision.datasets import MNIST
```

データを表示するためのmatplotlib、PyTorchからtransformsやDataLoaderなどをインポートします。最後の行は、MNISTデータセット（Deng、2012年）を利用するためのものです。MNISTとはModified National Institute of Standards and Technology databaseのことで、機械学習の学習者にはお馴染みのデータセットです（図3.2）。

図3.2 MNISTデータセットのサンプル

Josef Steppan – 投稿者自身による著作物 , CC 表示 - 継承 4.0, https://commons.wikimedia.org/w/index.php?curid=64810040 による

　MNISTに含まれるデータは手書きの数字データ、6万件の学習用データと1万件の評価用データが用意されています。手書き数字を表す28×28画素の画像データと、その画像がなにを示すかの「0から9までのラベル」が用意されており、機械学習を用いて画像認識を行う処理を学習するための入門用データセットとして**世界中で活用されているデータ**です。PyTorchには、そのデータを簡単に利用するためのAPIが用意されています。

3.1.3 データの準備

　Colabのランタイムにデータセットをダウンロードできるように、データセットを保存するディレクトリを用意します。

リスト3.2

```
!if [ ! -d ~/data ]; then mkdir ~/data; fi
!ls -d ~/data
```

簡単なシェルコマンドです。/root/dataというディレクトリが作成されるはずです。ここに、MNISTのデータをダウンロードします。ダウンロードするためには、次のコードを用います。MNISTというオブジェクトでMNISTデータを扱います。さらに、データをロードするためのオブジェクトDataLoaderも用意します。

リスト3.3 データのダウンロード

```
data_folder = '~/data'
BATCH_SIZE = 8
mnist_data = MNIST(data_folder, train=True, download=True,
                    transform=transforms.ToTensor())
data_loader = DataLoader(mnist_data, batch_size=BATCH_SIZE, shuffle=False)
```

図3.3 のように、指定したディレクトリにデータがダウンロードされている様子を確認できましたか？ Colabのファイルペインでも、データがダウンロードされた様子を確かめられます（**図3.4**）。

図3.3 MNISTデータセットのダウンロード

```
Downloading http://yann.lecun.com/exdb/mnist/train-images-idx3-ubyte.gz
Downloading http://yann.lecun.com/exdb/mnist/train-images-idx3-ubyte.gz to /root/data/MNIST/raw/train-images-idx3-ubyte.gz
100%                                  9912422/9912422 [00:00<00:00, 41595565.36it/s]
Extracting /root/data/MNIST/raw/train-images-idx3-ubyte.gz to /root/data/MNIST/raw

Downloading http://yann.lecun.com/exdb/mnist/train-labels-idx1-ubyte.gz
Downloading http://yann.lecun.com/exdb/mnist/train-labels-idx1-ubyte.gz to /root/data/MNIST/raw/train-labels-idx1-ubyte.gz
100%                                  28881/28881 [00:00<00:00, 1909001.56it/s]
Extracting /root/data/MNIST/raw/train-labels-idx1-ubyte.gz to /root/data/MNIST/raw

Downloading http://yann.lecun.com/exdb/mnist/t10k-images-idx3-ubyte.gz
Downloading http://yann.lecun.com/exdb/mnist/t10k-images-idx3-ubyte.gz to /root/data/MNIST/raw/t10k-images-idx3-ubyte.gz
100%                                  1648877/1648877 [00:00<00:00, 38757517.35it/s]
Extracting /root/data/MNIST/raw/t10k-images-idx3-ubyte.gz to /root/data/MNIST/raw

Downloading http://yann.lecun.com/exdb/mnist/t10k-labels-idx1-ubyte.gz
Downloading http://yann.lecun.com/exdb/mnist/t10k-labels-idx1-ubyte.gz to /root/data/MNIST/raw/t10k-labels-idx1-ubyte.gz
100%                                  4542/4542 [00:00<00:00, 294066.79it/s]
Extracting /root/data/MNIST/raw/t10k-labels-idx1-ubyte.gz to /root/data/MNIST/raw
```

図3.4 ダウンロードしたMNISTデータセット

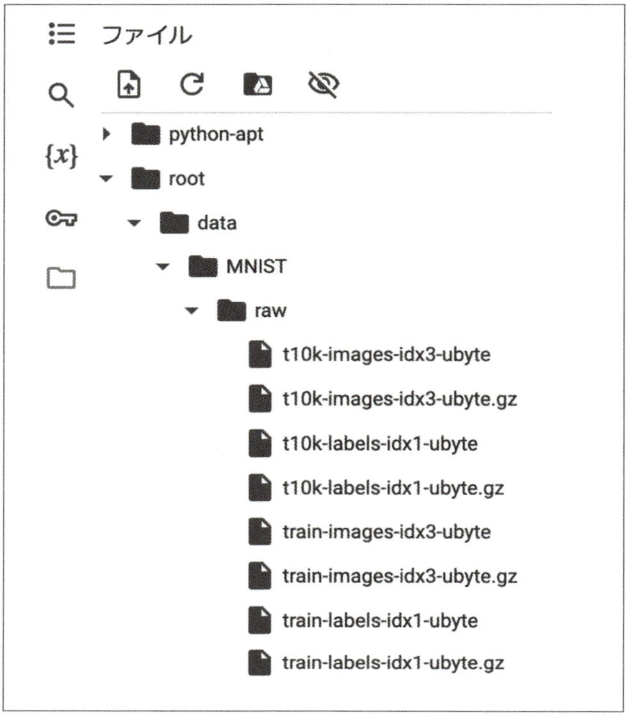

```
☰  ファイル

🔍    📤  C  📁  🚫

   ▸  📁 python-apt
{x}
   ▾  📁 root
🔑      ▾  📁 data
📁         ▾  📁 MNIST
               ▾  📁 raw
                     📄 t10k-images-idx3-ubyte
                     📄 t10k-images-idx3-ubyte.gz
                     📄 t10k-labels-idx1-ubyte
                     📄 t10k-labels-idx1-ubyte.gz
                     📄 train-images-idx3-ubyte
                     📄 train-images-idx3-ubyte.gz
                     📄 train-labels-idx1-ubyte
                     📄 train-labels-idx1-ubyte.gz
```

3.1.4 データの確認

　実際のところ、MNISTのデータはどのようなものでしょうか。Wikipedia
でも画像付きで紹介されているので、下手くそな（失礼）手書きの数字
データが並んでいる様子はインターネットを検索すればすぐにわかります。

　ここでは、ダウンロードしたデータを1つ表示させて、確認してみること
にしましょう。表示するためのコードは次のようなものです。

リスト3.4 データの確認

```python
data_iterator = iter(data_loader)
images, labels = next(data_iterator)

# 最初の画像を表示
location = 0
```

```
# 画像データを28 × 28のデータに変換し、表示
data = images[location].numpy()
reshaped_data = data.reshape(28, 28)
plt.imshow(reshaped_data, cmap='inferno', interpolation='bicubic')
plt.show()
print('ラベル:', labels[location])
```

図3.5 がその出力です。これは数字の「5」でしょうか。「S」のようにも見えますが……。アルファベットは含まれないので「5」ですね。ラベルも「tensor (5)」と出ています。確かに「5」のようです。

図3.5 MNISTデータセットに含まれるデータの例

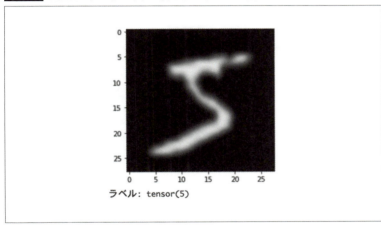

SECTION
02 画像認識と画像識別、その応用

ところで、PyTorchを用いた画像認識のプログラム例を解説する前に、機械学習を応用した画像認識に関して、概念の整理をするとともに理解を深めておきましょう。たとえば、用語は似ていますが、画像認識と画像識別は異なる概念です。

3.2.1 画像認識と物体認識

画像認識あるいは物体認識とは、画像データが与えられたときに、その画像になにが描かれているのか、その画像に特定の物体が含まれているかどうかを判定する仕組みのことです。パターン認識と呼ばれる特定のパターンをコンピュータが認識するアルゴリズムが古くから考案され、画像認識、物体認識として利用されてきました。

図3.6 は、Streamlit[2] のデモで用いられている「The Udacity Self-driving Car Image Browser」のスクリーンショットです。なんということのない交差点の画像ですが、その画像のうち、歩行者、車、信号機を囲む部分が、それぞれ個別の色で示されています。これは、それらをコンピュータがきちんと認識している状態を表しています。

> MEMO
> 2　PythonでWebアプリを簡単に作成できるツールです。

図3.6 The Udacity Self-driving Car Image Browser

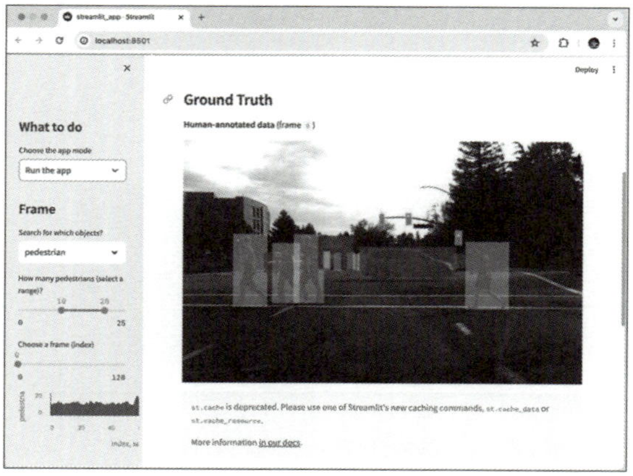

もう1つ、身近な画像認識の例をあげましょう。Facebookに投稿された画像には、利用者の便宜を図るために、画像認識の結果がalt属性とし

て付与されています。

図3.7 は、Google Chromeの開発者ツールを用いてHTMLのソースコードを右側に表示させている状況です。インスペクタを用いて、画像の情報も吹き出しで表示させています。ラーメンの写真にフォーカスをあてると、alt属性として「ラーメン、ポーチドエッグの画像のようです」という文章が設定されていることがわかります。

このデータは投稿者自身が入力しているわけではありません。**Facebookが画像認識を用いて自動で設定しているもの**です。画像に文字が写り込んでいると、文字を認識した結果が現れることもあります。ときどき的外れなデータになっていることもありますが、おおむね、うまく認識している様子を確認できます。

図3.7 Facebookの写真に付けられたalt属性

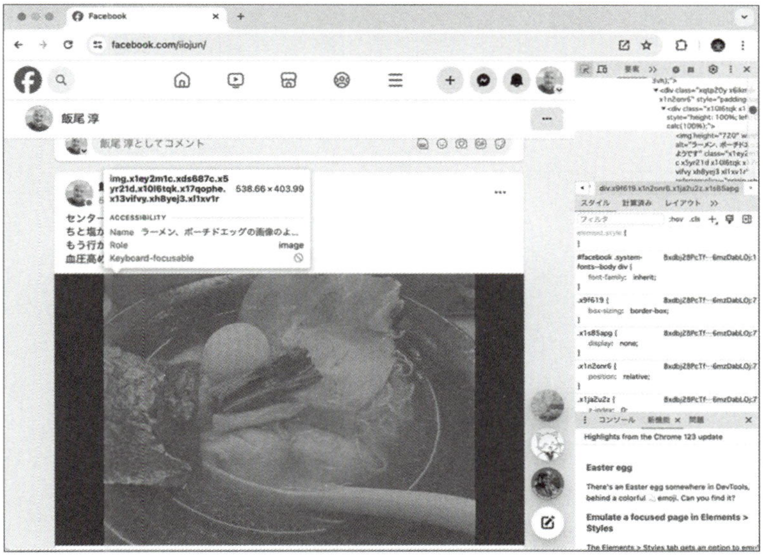

3.2.2 画像識別と認証

画像認識は、画像のなかにある対象物が含まれているか否かを認識する技術です。本章で説明するPyTorchを用いた文字認識は、画像に含まれる文字がなんであるかを認識します。

問題を最も単純化すると、「その画像に『文字』が含まれているか否

か」を判定する問題になるでしょう。これも画像認識と呼んでもよいかもしれません。MNISTを用いた手書き文字認識は0から9までの数字を認識する課題なので、それよりは複雑な問題です。

画像識別は、もう一歩、踏み込んだ判別をします。わかりやすい例が、顔認識と顔識別です。顔認識は、画像のなかに人間の顔が含まれているか否かを判定するものです。一方の顔識別は、複数の画像に含まれる顔が、同一人物のものか、他人のものかを判定するものです。当然ながら、顔識別をするためには、その画像に顔が含まれているかを認識していなければなりません。認識したうえで、同一人物かを判別します。

さらに、複雑な処理が必要になる問題が「認証」です。顔があるかどうかを判定するという大きな括りの認識ではなく、その顔が「誰のものか」を特定しなければなりません。識別よりもさらに複雑な判定になります。識別は同じか違うかを判定すればよく、特定する必要はありません。

認識、識別、認証に関する問題の難しさを 図3.8 に示します。認証は最も難しいクラスの問題です。

図3.8 問題のクラス

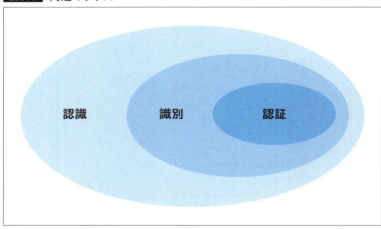

3.2.3 応用例

簡単な事例をすでに紹介しましたが、画像認識はさまざまな分野で応用されています。とくに、認証技術はユーザを特定してセキュリティやプライバシーを確保する技術として実用化され、広く利用されています。

AppleのiPhoneをお使いの皆さんは、Face ID技術を毎日のように利用していることでしょう。iPhoneの自撮りカメラを用いて撮影する顔画像により、ユーザを認証する技術です。図3.9は、筆者の勤務する中央大学国際情報学部1Fエレベータホール入口の写真です。大学なので比較的セキュリティレベルは高くない[3]ものの、顔認証ゲートが設置されています。

図3.9 顔認証ゲート

MEMO
[3] よくあるフラップゲートは設置されていません。登録済みの学生や教職員が認証されると「ピンポン」と音がする一方で、認証されていない人が通過すると「ピコンピコン」と別のアラームが鳴ります。

　画像認識をフル活用している最新技術といえば、車の安全支援機能や自動運転ではないでしょうか。もちろん、可視光画像の認識だけでなく、ミリ波レーダーやそのほかの技術もいろいろと組み合わせて実装されているはずですが、画像認識技術が活躍している領域といえるでしょう。

　簡単なところでは、レーンキープ機能があります。道路の白線を認識して、逸脱しそうになると警告を出す機能です。ドライバーの運転に積極的に介入してくるレベルであれば、警告を出すだけでなくステアリング操作を修正するものもあるでしょう。

　自動運転はリアルタイムに画像認識を延々と繰り返しながら、**運転操作の最適解をつねに探し出しています**。信号や道路標識を認識し、赤信号であれば止まり、青信号になれば進みます。速度制限や進行方向も道路標識を認識して、情報を取得するでしょう。歩行者が飛び出してきたら、それを認識して急ブレーキを踏んだり、回避すべくステアリングを操作したりするかもしれません。前方に車があれば、その車の存在を認識しながら、アクセルを操作してスピードを調整するでしょう。

　完全自動運転は今後の実用化が望まれるものですが、部分的には人間の運転操作を高度に補完する技術が現れはじめています。このように、画像認識、識別、認証の技術は、いまや日常のさまざまな場所で実際に利用され、私たちの日常を豊かなものにしています。

自動運転は運転の喜びを奪うのか？

画像認識の応用例として、自動運転車の実現について触れました。海外では自動運転車によるタクシーが限定的に運用フェーズに入っていたり、日本でも高速道路ではハンドルから手を離しても問題なく進むレベルの自動運転が実現されていたりするように、現時点ですでに特定の条件下では自動運転車はある程度現実のものになっています。

自動運転は、本節で説明したような画像認識だけでなく、LiDAR（Light Detection And Ranging）やミリ波レーダーといったようなセンシング技術や、GPSを用いた位置同定技術など、さまざまな技術によって支えられています。技術的な進化は目を見張るほどですが、それに対して社会的な問題や文化的な課題が十分に解決されているとは限らない点が問題です。

1つは自動運転車に関する法的責任の問題です。自動運転は人間による運転よりも正確で、事故の確率は低いという研究報告もあるようですが、それでも完全ではありません。自動運転車による事故例はこれまでいくつも報じられています。

そのような自動運転車が事故を起こしたときに、その責任は誰が負うべきでしょうか。

通常の自動車であれば、運転者の責任が追求されるでしょう。曰く、酒気帯び運転であった、居眠り運転であった、前方不注意であった、交通法規を順守していなかったなど、運転者の責任による事故は多くの場合

明白で、状況に応じて一定の責任を取るような社会のルールが整備されています。

しかし、自動運転車が事故を起こした場合はどうでしょうか。完全な自動運転車であれば、責任を負うべき運転者はいません。それではその車に乗っていた乗客が責任を負う必要があるでしょうか。もしそうだとするとリスクが高すぎて、そのようなタクシーには乗りたくないでしょう。

あるいはその自動運転車を作ったメーカーが責任を負うべきでしょうか。自動運転車の管理者が責任を負うべきでしょうか。誰が事故の責任を負うべきでしょうか。

もう1つ、自動運転の議論がなされるときに、ドライビングプレジャーという運転の楽しみの概念がまったく無視されている点が、気に入りません。筆者がそのような主張をすると、それはたぶん「俺は馬車を御す楽しさが好きなだけだ」と主張していた御者が100年前に居たはずだといわれます。

いずれにしても、自動運転車が主流になった時点で、人間が運転する車は邪魔者扱いされるようになることでしょう。なぜならば社会システムの最適化を考えたとき、どのような動きをするか予測のできない人間が運転する車が走らないほうが望ましいからです。ドライビングプレジャーに重きを置く筆者としては、死ぬまではそのような社会が実現しないでほしいと願うばかりです。

SECTION
03 PyTorchによる文字認識プログラム

画像認識の概念を整理したところで、PyTorchによる文字認識プログラムに戻りましょう。本節では、PyTorchを用いた機械学習による文字認識プログラムの概要、ニューラルネットワークのプログラミングを解説します。

3.3.1 学習データと検証データの用意

3.1節では、データセットの取り扱いまでを準備しました。ここからは、機械学習の本番です。まずは、学習用データセットと検証用データセットを用意しましょう。次のコードを実行します。

リスト3.5 学習データと検証データの用意

```python
# 学習データ
train_data_loader = DataLoader(
    MNIST(data_folder,
          train=True,
          download=True,
          transform=transforms.ToTensor()),
    batch_size=BATCH_SIZE, shuffle=True)

# 検証データ
test_data_loader = DataLoader(
    MNIST(data_folder,
          train=False,
          download=True,
          transform=transforms.ToTensor()),
    batch_size=BATCH_SIZE, shuffle=True)
```

MNSITクラスとDataLoaderクラスのオブジェクトが組み合わされ使用されています。ほぼ同じコードですが、引数でわたすtrain属性をTrueかFalseにすることで、学習データと検証データの区別をしています。train_data_loaderとtest_data_loaderに、それぞれ学習データ、検証データを読み込むためのオブジェクトが設定されました。なお、PyTorchでは

データ型としてテンソル型と呼ばれる形式のデータを取り扱います。最後のtransform=transform.ToTensor()という記述は、それを明示しています。

さて、それらを用いて、学習データ、検証データの内容を確認します。

リスト3.6 学習データと検証データの確認

```
print(train_data_loader.dataset)
print(test_data_loader.dataset)
```

このコードの出力は次のとおりです。上半分が学習データに関する情報で、下半分が検証データに関する情報です。学習データとして6万個、検証データとして1万個のデータセットが利用できることがわかります。

実行結果

```
Dataset MNIST
    Number of datapoints: 60000
    Root location: /root/data
    Split: Train
    StandardTransform
Transform: ToTensor()
Dataset MNIST
    Number of datapoints: 10000
    Root location: /root/data
    Split: Test
    StandardTransform
Transform: ToTensor()
```

3.3.2 ニューラルネットワークのモデル

さて、いよいよニューラルネットワークのモデルを作成します。ニューラルネットワークとしては比較的シンプルな、**多層パーセプトロン（Multi-Layer Perceptron、MLP）と呼ばれるモデル**です。多層パーセプトロンは、入力に対して重みを掛けて足し合わせたものに対して、それぞれのノードで関数を適用、それを何層にも処理することで結果を出力するとい

うモデルです（図3.10、図3.11）。

図3.10 多層パーセプトロンの原理（1）

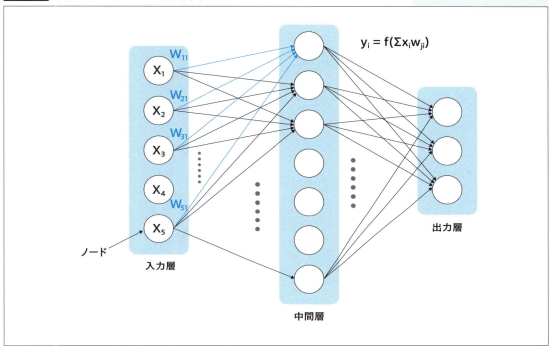

図3.11 多層パーセプトロンの原理（2）

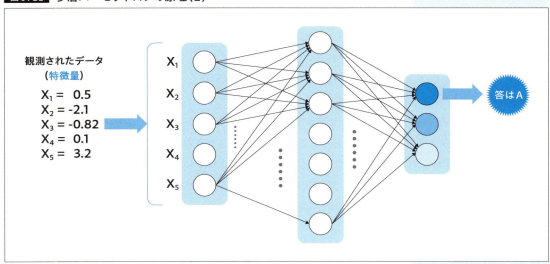

ひな形となるモデルはtorch.nn.Moduleとして用意されているクラスです。これを継承し、私たちのMLPを作ります。次のプログラムはそのコードです。

リスト3.7 MLPの定義

```python
# ニューラルネットワークモデルの定義
from torch.autograd import Variable
import torch.nn as nn


# 親クラスのnn.Moduleを継承しモデルを作成
class MLP(nn.Module):
    def __init__(self):
        super().__init__()
        self.layer1 = nn.Linear(28 * 28, 100)
        self.layer2 = nn.Linear(100, 50)
        self.layer3 = nn.Linear(50, 10)

    def forward(self, input_data):
        input_data = input_data.view(-1, 28 * 28)
        input_data = self.layer1(input_data)
        input_data = self.layer2(input_data)
        input_data = self.layer3(input_data)
        return input_data
```

nn.Linearというクラスが線形変換を行うクラスとして提供されています。最初の引数が入力ノード数、次の引数が出力ノード数です。すなわち、私たちが作成したMLPは、入力層から出力層まで、中間層を2つ持つ、図3.12で示すような多層パーセプトロンです。

入力としては、手書き文字の画素データが与えられます。出力は0から9のいずれかです。線形変換の重みを学習することで、適切な出力画素が発火するという仕組みです。図3.12の例でいえば、「5」であるはずの手書き文字を表す画素データが入力され、適切な重みを用いた線形変換の結果、出力層の「5」が発火する、ということになります。

図3.12 構築したMLPのモデル

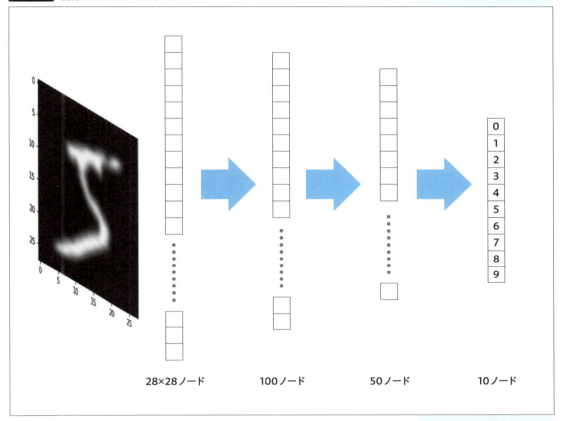

　その手続きを行うメソッドが、MLPクラスにおけるメソッドforward()として定義されています。同メソッドでは、input_dataとして入力されたデータが、layer1→layer2→layer3という順番でわたされていく手続きが定められていることを確かめてみてください。

3.3.3 学習の準備

　さて、学習データでモデルをトレーニング（学習）させる前に、もうひと手間、必要です。まずは学習させるモデルそのものを作る必要があり、さらに、学習時に必要となる評価器（誤差項）と最適化器を用意します。

リスト3.8 モデル、誤差項、最適化器の準備

```
import torch.optim as optimizer


# モデルの生成
model = MLP()


# 誤差項（クロスエントロピー）と最適化器（Stochastic Gradient Descent、SGD）
lossResult = nn.CrossEntropyLoss()
optimizer = optimizer.SGD(model.parameters(), lr=0.01)
```

ところで、学習せずに検証してみると、いったいどうなるでしょうか？

検証用のコードを次に示します。学習する前に、この検証用コードを動かしてみましょう。

リスト3.9 学習せず実行するとどうなるか

```
import torch


# 検証した数と正解の数
total = 0
count_when_correct = 0


for data in test_data_loader:
    test_data, teacher_labels = data
    results = model(Variable(test_data))
    _, predicted = torch.max(results.data, 1)
    total += teacher_labels.size(0)
    count_when_correct += (predicted == teacher_labels).sum()


rate = int(count_when_correct) / int(total)
print(f'count_when_correct:{count_when_correct}')
print(f'total:{total}')
print(f' 正解率:{count_when_correct} / {total} = {rate}')
```

検証のためのコードを実行した結果の出力は、次のようになりました。

実行結果

```
count_when_correct:999
total:10000
正解率:999 / 10000 = 0.0999
```

1万回試して、およそ千回、正解したということです。正解率はほぼ0.1です。

これは当然の結果です。なぜならば、学習していないということは、**当てずっぽうで正解を判定しているということにほかならない**からです。すなわち、10択の当て推量なので、その期待値は1/10、0.1ということになるわけですね。

3.3.4 モデルの学習

準備が整いました。それでは、モデルを学習させて、賢い判別器を作っていきましょう。学習のためのコードを次に示します。次のコードを実行してください。

リスト3.10 モデルの学習

```python
# 最大学習回数
MAX_EPOCH = 4

for epoch in range(MAX_EPOCH):
    total_loss = 0.0
    for i, data in enumerate(train_data_loader):
        train_data, teacher_labels = data

        train_data, teacher_labels = \
            Variable(train_data), Variable(teacher_labels)

        # 勾配情報をリセット
        optimizer.zero_grad()
        outputs = model(train_data)
        loss = lossResult(outputs, teacher_labels)
        loss.backward()
```

```
        # 勾配を更新
        optimizer.step()


        # 誤差を積み上げる
        total_loss += loss.data


        if i % 2000 == 1999:
            print(f'学習進捗:[{epoch+1}, {i+1}]', end='')
            print(f'学習誤差(loss): {total_loss / 2000:.3f}')
            total_loss = 0.0


print('学習終了')
```

何回繰り返して学習させるかという数のことを「epoch」といいます。今回は学習を4回繰り返してみましょう。また、1回の学習において、データを2,000個学習させたタイミングで進捗状況を表示するようにしました。

実行結果

```
学習進捗:[1, 2000]学習誤差(loss): 0.871
学習進捗:[1, 4000]学習誤差(loss): 0.376
学習進捗:[1, 6000]学習誤差(loss): 0.343
学習進捗:[2, 2000]学習誤差(loss): 0.319
学習進捗:[2, 4000]学習誤差(loss): 0.314
学習進捗:[2, 6000]学習誤差(loss): 0.308
学習進捗:[3, 2000]学習誤差(loss): 0.300
学習進捗:[3, 4000]学習誤差(loss): 0.289
学習進捗:[3, 6000]学習誤差(loss): 0.298
学習進捗:[4, 2000]学習誤差(loss): 0.281
学習進捗:[4, 4000]学習誤差(loss): 0.280
学習進捗:[4, 6000]学習誤差(loss): 0.298
学習終了
```

以上が学習経過の出力です。学習が進むにつれて、学習誤差が減っていく様子がわかります。ただし、終盤では減ったり増えたりしています。学習誤差は、だいたい0.3弱くらいに収束するようです。

3.3.5 学習効果の確認

　モデルが学習し、線形変換の重みと、パラメータが適切なものに設定されたかどうかを確認しましょう。先ほど示した検証用のコード（リスト3.9）を、再度、動かしてみます。

実行結果

```
count_when_correct:9209
total:10000
正解率:9209 / 10000 = 0.9209
```

　正解数が格段に高くなりました。なんと、0.92、92%という正解率です。なかなかいい成績なのではないでしょうか。
　ただし見方を変えると、**10回に1回は間違えているという結果は満足できるものではない**ともいえます。しかし、MNISTのデータをじっくり眺めてみると、これって「1」なの？「7」なの？というような、人間が見ても判断に困るようなデータも多数混じっているので、このくらいの正解率で満足すべきなのかもしれません。
　では個別の判定例を確認しましょう。個々のデータを取り出して判定結果を確認するコードを次に示します。

リスト3.11　個別のデータに関する検証

```
# データの取得と検証
test_iterator = iter(test_data_loader)
test_data, teacher_labels = next(test_iterator)
results = model(Variable(test_data))
_, predicted_label = torch.max(results.data, 1)

# 最初のデータを検証、画像を表示
location = 0
plt.imshow(test_data[location].numpy().reshape(28, 28),
           cmap='inferno', interpolation='bicubic')
print('ラベル:', predicted_label[location])
```

　図3.13 はこのコードの実行結果です。何回も実行すると、都度、違う

データで試せます。どのような画像だと間違えるのかを確かめてみるのも一興でしょう。

図3.13 個別の判定例

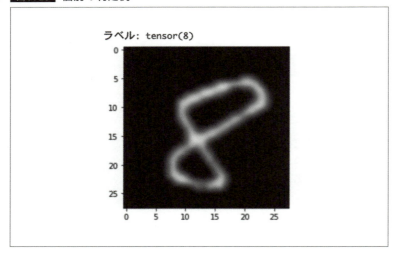

3.3.6 自前の画像で確認

　判別器が適切に構築できたのであれば、自前の画像でもきちんと認識するはずです。適当に書いた手書き文字（図3.14）をカメラで撮影して、それを判別させてみましょう。

図3.14 オリジナルの画像

注意すべきは、先のコードで認識する数値データは、地が0.0で、文字部分が0.0より大きく、最大1.0の正のfloat型データであるということです。すなわち、画像としては黒地に白で描いた数字となっていなければならない点です。そのため、アップロードしたデータに若干の処理を加えます。

　ここでは、図3.14のような画像データをnumber.jpgというファイル名で用意したとします[4]。このデータをColabのセッションストレージにアップロードしてください。図3.15に示すように、左側のファイルペインにドラッグ&ドロップすればOKです[5]。

図3.15 ファイルのアップロード

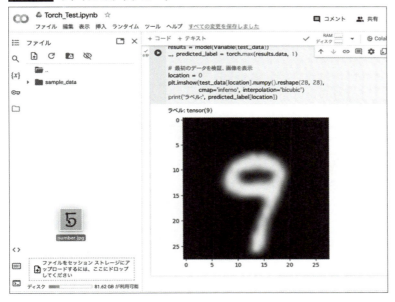

> **MEMO**
> **4** 縦横の画素数は同じものとしてください。

> **MEMO**
> **5** sample_dataが置かれているディレクトリと同じ階層にアップロードしてください

　データの準備ができたら、テストデータとしてのテンソル形式に変換します。PILのイメージローダーを利用して画像データを作り、それをTorchVisionのトランスフォーム・ユーティリティを用いて白黒反転 (invert) してからテンソル形式に変換 (to_tensor)、さらには28×28ピクセルの画像データに変形 (resize) しています。

リスト3.12

```
import torchvision
from PIL import Image
img = Image.open('/content/number.jpg')
img = torchvision.transforms.functional.invert(img)
test_data = torchvision.transforms.functional.to_tensor(img)
test_data = torchvision.transforms.functional.resize(test_data, 28)
```

続いて、先ほどと同じコードで認識結果を検証します。

リスト3.13

```
results = model(Variable(test_data))
_, predicted_label = torch.max(results.data, 1)
location = 0
plt.imshow(test_data[location].numpy().reshape(28, 28),
           cmap='inferno', interpolation='bicubic')
print('ラベル:', predicted_label[location])
```

このコードですね。実行結果は図3.16のようになりました。認識結果のラベルはtensor(5)とあります。正しく認識できているようですね。

図3.16　オリジナル画像の認識結果

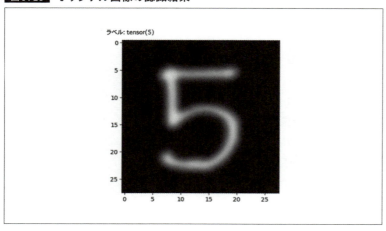

SECTION 03 ｜ PyTorchによる文字認識プログラム

正確性の幻想

本節で紹介した事例では、正解率が92パーセントという数値を示していました。これを高いと見るか、低いと見るかは、状況や文脈によって異なるでしょうが、皆さんはどう判断するでしょうか。

一般的には、90パーセントを超えるとそれはとても高い数字なのでは？と思われがちなのではないでしょうか。しかし具体的な応用を考えると、90パーセントは十分な正確性を示しているとは言い難い性能です。

たとえば、文字認識で99パーセントという正解率を示すアプリを実現できたとしましょう。そのアプリを用いて、既存の文章を認識してみることを考えます。

ざっくりと考えて、A4サイズの用紙1ページに1,000文字程度の文字が印刷されています。1,000文字をこのアプリで文字認識させるとして、正解率が99パーセントということは、990文字正解します。これはエラー率を考えると、10文字は間違えるという状況です。

実際の運用を考えたとき、1ページあたり10箇所も間違いが存在する性能を許容できるでしょうか。10ページ処理すると、エラーは100件に上ります。これはとても実用的とは言えないのではないでしょうか。

実際の現場では、もっと高い性能が求められるような状況が当たり前のように存在します。ビジネスの世界では「シックスシグマ」などといわれます（Pande、2003年）。シックスシグマのレベルは、分散（σ）の6個分から外れるエラーのみを許容する、すなわち100万個製品を生産したときに、規格外の製品をわずか数個に抑えるという厳しさです。

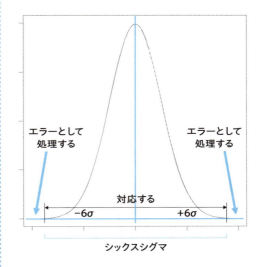

正解率50パーセントといえば半分は正解していると考えそうなものですが、そもそも2値分類器を考えたとき、正解率50パーセントというのは「あてずっぽう」に選んでいるのと変わりがありません。TOEICのテストは4択なので、鉛筆を転がしても250点くらいは取れるのです。

そのようなことを考えると、正解率が80パーセントとか90パーセントで満足しているのではまったくもって不十分であるということが理解できるのではないでしょうか。

SECTION 04 TorchVisionによるセグメンテーション

Torchには、コンピュータビジョンを扱うTorchVisionや、音声を扱うTorchAudio、文書を扱うTorchTextなどのさまざまなライブラリが用意されています。本節では、文字認識の延長線上として、コンピュータビジョン用のライブラリであるTorchVisionを用いた領域セグメンテーションの例を紹介します。

3.4.1 実行環境の準備

本節で説明するTorchVisionの領域セグメンテーションでは、学習に相当の計算量が要求されます。そのため、GPUを使用しないと計算が収束しない恐れがあります。Colaboratoryのランタイムには、ある程度の期間であれば無料で使えるT4 GPUの設定[6]があります。

右上にある「接続」メニューのなかに「ランタイムのタイプを変更」という項目があります（P.35のコラム参照）。それを利用して、T4 GPUを指定して接続しておきましょう（図3.17）。

MEMO

[6] 長時間使っていると、一定期間は使えなくなるので注意しましょう。なお、その基準は公開されていません。

図3.17 ランタイムのタイプを変更

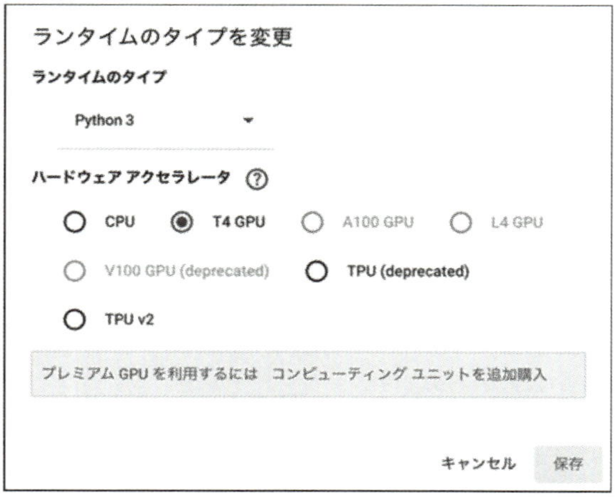

3.4.2 データセットの準備

TorchVisionのチュートリアル[7]を参考に、物体認識をより高度化した課題である領域セグメンテーションに挑戦しましょう。領域セグメンテーションとは、与えられた画像のなかにある物体を検出し、その領域を切り出すという課題です。認識対象とする物体の大きさはさまざまであり、かなり自由度が高い認識問題です。

領域セグメンテーションは、かつてはテンプレートを用いたテンプレートマッチングなどの手法が利用されていました。現在では、機械学習を応用した手法が主流です。ここではMask R-CNN（He et al、2017年）という手法を用いて、領域セグメンテーションを行います。

データセットは、ペンシルベニア大学と復旦大学で開発された「Penn-Fudan Database for Pedestrian Detection and Segmentation（歩行者検出・セグメンテーションのためのペン-フダン・データベース）」[8]を用います。このデータセットは、少なくとも1人の歩行者を含む市街地で撮影された画像のデータセットです。

このデータセットには、170枚の画像とアノテーションデータが含まれています。ラベリングされている歩行者は345名で、96画像がペンシルベニア大学、74画像が復旦大学で撮影されたものとのことです。なお、これらの画像にはラベリングされていない歩行者も多数存在しています。

図3.18 に同データベースに収録されている画像の例を示します。PennPed00001からPennPed00006まで、6件のデータが示されています。それぞれのデータには、歩行者を囲む長方形と、画像中の歩行者であろうとおぼしき領域が明示されています。それぞれのデータの右側を見ると、領域を示すためのアノテーションデータが色分けで示されていることも確認できます。

では、このデータをダウンロードして使えるようにしましょう。以下のコードを実行します。Zipされているデータをダウンロードし、展開します。

URL
7 https://pytorch.org/tutorials/intermediate/torchvision_tutorial.html

URL
8 https://www.cis.upenn.edu/~jshi/ped_html/

リスト3.14 **データの準備**

```
!wget https://www.cis.upenn.edu/~jshi/ped_html/PennFudanPed.zip -P data
!cd data && unzip PennFudanPed.zip
```

図3.18 Penn-Fudanデータセットの一部

PennPed00001　　　　　　　　　　　　　　PennPed00002

PennPed00003　　　　　　　　　　　　　　PennPed00004

出典：https://www.cis.upenn.edu/~jshi/ped_html/pageshow1.html

3.4.3 データの確認

　では、ダウンロードしたデータを確認してみましょう。番号はどれでもよいですが、今回は47番のデータを確かめてみることにします。
　次のコードを実行します。イメージデータとマスクデータを読み込み、Matplotlibの機能を用いて、横に並べて表示させてみます。

リスト3.15　データの確認

```
import matplotlib.pyplot as plt
from torchvision.io import read_image

image =read_image('data/PennFudanPed/PNGImages/FudanPed00047.png')
mask = read_image('data/PennFudanPed/PedMasks/FudanPed00047_mask.png')
```

```
plt.figure(figsize=(16, 8))
plt.subplot(121)
plt.title('Image')
plt.imshow(image.permute(1, 2, 0))
plt.subplot(122)
plt.title('Mask')
plt.imshow(mask.permute(1, 2, 0))
```

図3.19のような表示を得られたでしょうか。

この例では、3人の歩行者にアノテーションが与えられています。しかし、左側の画像にはほかにも多数の歩行者や、自転車に乗っている人物の存在を確認できるでしょう。機械学習による領域セグメンテーションを適用すれば、**これらの人物も検出できるようになる**のではと、期待も高まります。

図3.19 歩行者データの確認

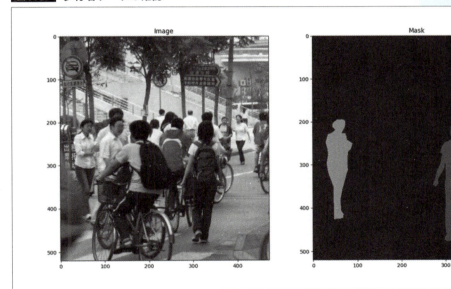

3.4.4 データハンドリングクラスの定義

　続いて、データを扱うためのクラス PennFudanDataSet を定義します。このクラスは親クラスである torch.utils.data.Dataset を継承して定義します。これは、領域セグメンテーションの対象とする画像データやアノテーションデータであるマスクデータをまとめて取り扱うためのクラスです。

　クラスは次のコードで定義されます。コンストラクタと、引数 idx を与えて対応するデータを取得する __getitem__()、およびいくつデータを保持しているかを返す __len__() が定義されています。

リスト3.16　データセットをまとめて扱うクラスの定義

```python
import os
import torch

from torchvision.io import read_image
from torchvision.ops.boxes import masks_to_boxes
from torchvision import tv_tensors
from torchvision.transforms.v2 import functional as F

class PennFudanDataset(torch.utils.data.Dataset):
    def __init__(self, root, transforms):
        self.root = root
        self.transforms = transforms

        # イメージデータとマスクデータをロードし、ソートして並べておく
        self.imgs = list(sorted(os.listdir(os.path.join(root, 'PNGImages'))))
        self.masks = list(sorted(os.listdir(os.path.join(root, 'PedMasks'))))

    def __getitem__(self, idx):
        # イメージとマスクのロード
        img_path = os.path.join(self.root, 'PNGImages', self.imgs[idx])
        mask_path = os.path.join(self.root, 'PedMasks', self.masks[idx])
        img = read_image(img_path)
        mask = read_image(mask_path)
        # インスタンスは色別にエンコードされていて……
        obj_ids = torch.unique(mask)
        # 最初のIDは背景色なので削除
        obj_ids = obj_ids[1:]
```

120 SECTION 04 | TorchVision によるセグメンテーション

```python
        num_objs = len(obj_ids)

        # 色別にエンコードされているマスクを2値マスクに分ける
        masks = (mask == obj_ids[:, None, None]).to(dtype=torch.uint8)

        # マスクデータに対してバウンディングボックスを求める
        boxes = masks_to_boxes(masks)

        labels = torch.ones((num_objs,), dtype=torch.int64)
        image_id = idx
        area = (boxes[:, 3] - boxes[:, 1]) * (boxes[:, 2] - boxes[:, 0])
        # 群衆でないと仮定
        iscrowd = torch.zeros((num_objs,), dtype=torch.int64)

        # tv_tensorsイメージに変換する
        img = tv_tensors.Image(img)

        target = {}
        target['boxes'] = tv_tensors.BoundingBoxes(boxes,
                        format='XYXY', canvas_size=F.get_size(img))
        target['masks'] = tv_tensors.Mask(masks)
        target['labels'] = labels
        target['image_id'] = image_id
        target['area'] = area
        target['iscrowd'] = iscrowd

        if self.transforms is not None:
            img, target = self.transforms(img, target)

        return img, target

    def __len__(self):
        return len(self.imgs)
```

3.4.5 モデルの定義

次は学習モデルを定義します。ここでは、FacebookのAIラボにより開発されたMask R-CNNというモデルを使用します（図3.20）。

図3.20 Mask R-CNNの処理イメージ

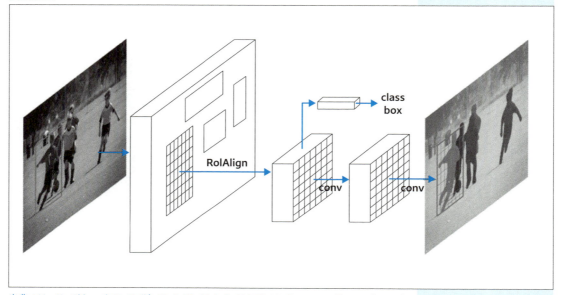

出典：He, K., Gkioxari, G., Dollár, P., & Girshick, R. (2017). Mask r-cnn.In *Proceedings of the IEEE international conference on computer vision* (pp. 2961-2969).

このMask R-CNNという学習モデルは、画像中の領域情報と推定される物体の両者を検出するFaster R-CNNというモデルを拡張したものです。認識した物体に対して、それぞれの領域セグメンテーション情報を出力します。

今回はCOCO[9]というデータセット（Kumar、2023年）で学習済みのMask R-CNNモデルを用いて、判別器を構成します。なお、COCOは「大規模な物体認識、セグメンテーション、注釈付けのためのデータセット」とされるもので、教師データ付きがおよそ20万件、教師データなしも合わせると33万件以上のカラー画像データセットです。今回は判別器のモデルとして、それらのデータを利用して事前に学習済みのモデルを用います。

事前学習済みモデルを利用するための関数 get_model_instance_segmentation() を次のコードで定義します。引数で与えるnum_classes

URL
[9] https://cocodataset.org/

は判別するクラスの数で、今回は歩行者（人物）と背景を分別するので
「2」を与えます。

リスト3.17 事前学習済みモデルを利用する関数の定義

```python
import torchvision
from torchvision.models.detection.faster_rcnn import FastRCNNPredictor
from torchvision.models.detection.mask_rcnn import MaskRCNNPredictor


def get_model_instance_segmentation(num_classes):
    # COCOで事前学習済みのモデルデータをロードする
    model = torchvision.models.detection.maskrcnn_resnet50_fpn(
                weights='DEFAULT')

    # 入力特徴量
    in_features = model.roi_heads.box_predictor.cls_score.in_features
    # num_classesで指定するクラスの分類器をセットする（今回は2クラス）
    model.roi_heads.box_predictor = FastRCNNPredictor(in_features, num_classes)

    # マスク判別器も同様に設定
    in_features_mask = model.roi_heads.mask_predictor.conv5_mask.in_channels
    hidden_layer = 256
    model.roi_heads.mask_predictor = MaskRCNNPredictor(
        in_features_mask,
        hidden_layer,
        num_classes
    )

    return model
```

3.4.6 補助コードの導入

　ここで、補助的に利用するための関数定義と、いくつかのコードをファイルに記述したサンプルコードをダウンロードしておきます。まずは関数 get_transform() の定義です。

リスト3.18 補助関数の定義

```python
from torchvision.transforms import v2 as T


def get_transform(train):
    transforms = []
    if train:
        transforms.append(T.RandomHorizontalFlip(0.5))
    transforms.append(T.ToDtype(torch.float, scale=True))
    transforms.append(T.ToPureTensor())
    return T.Compose(transforms)
```

次に、本チュートリアル用に用意されているコードをダウンロードします。

リスト3.19 事前に用意されているコードのダウンロード

```
!wget https://raw.githubusercontent.com/pytorch/vision/main/references/
detection/engine.py
!wget https://raw.githubusercontent.com/pytorch/vision/main/references/
detection/utils.py
!wget https://raw.githubusercontent.com/pytorch/vision/main/references/
detection/coco_utils.py
!wget https://raw.githubusercontent.com/pytorch/vision/main/references/
detection/coco_eval.py
!wget https://raw.githubusercontent.com/pytorch/vision/main/references/
detection/transforms.py
```

以上のコードを実行して、判別器構築の準備を進めましょう。

3.4.7 追加学習実施のための準備

さらに学習を実施するための準備を進めます。事前学習済みのモデルを用いるのだから学習は不要では？　と思った皆さんは、よいセンスをお持ちです。事前学習済みなので、そのモデルをそのまま用いればよい、と考えるのは自然な発想です。

しかしあとで見てみるように、事前学習済みのモデルでは、やはり十分な対応はできません。追加学習を行って、学習精度を高める必要があるのです。

124　SECTION 04 │ TorchVision によるセグメンテーション

以下のコードを実行してください。

リスト3.23 事前学習済みモデルの利用

```python
import utils
from engine import train_one_epoch, evaluate

device = torch.device('cuda') \
    if torch.cuda.is_available() else torch.device('cpu')

# 背景と人物の2クラス判別器を作成する
num_classes = 2
# データセットはすでにロード済みのものを用いる
dataset = \
    PennFudanDataset('data/PennFudanPed', get_transform(train=True))
dataset_test = \
    PennFudanDataset('data/PennFudanPed', get_transform(train=False))

# データセットを学習用とテスト用に分ける
indices = torch.randperm(len(dataset)).tolist()
dataset = torch.utils.data.Subset(dataset, indices[:-50])
dataset_test = torch.utils.data.Subset(dataset_test, indices[-50:])

# 学習と評価用のデータローダを定義
data_loader = torch.utils.data.DataLoader(
    dataset,
    batch_size=2,
    shuffle=True,
    num_workers=4,
    collate_fn=utils.collate_fn
)

data_loader_test = torch.utils.data.DataLoader(
    dataset_test,
    batch_size=1,
    shuffle=False,
    num_workers=4,
    collate_fn=utils.collate_fn
)
```

```python
# 先ほど定義したヘルパーファンクションを用いてモデルを用意
model = get_model_instance_segmentation(num_classes)
```

```python
# モデルをデバイスに結びつける
model.to(device)
```

```python
# 最適化器を作成
params = [p for p in model.parameters() if p.requires_grad]
optimizer = torch.optim.SGD(
    params,
    lr=0.005,
    momentum=0.9,
    weight_decay=0.0005
)
```

```python
# 学習レートのスケジューラを設定
lr_scheduler = torch.optim.lr_scheduler.StepLR(
    optimizer,
    step_size=3,
    gamma=0.1
)
```

3.4.8 学習効果の確認

　ほぼ準備が整いました。それでは、事前学習済みのモデルでどの程度の精度が出るのか、試してみましょう。

　次のコードで、領域セグメンテーションができるかどうかを確認します。

リスト3.21　領域セグメンテーション能力の確認

```python
import matplotlib.pyplot as plt

from torchvision.utils import draw_bounding_boxes, draw_segmentation_masks

image = read_image('data/PennFudanPed/PNGImages/FudanPed00047.png')
eval_transform = get_transform(train=False)
```

```python
model.eval()
with torch.no_grad():
    x = eval_transform(image)
    # RGBA -> RGBにコンバートしてデバイスに紐づける
    x = x[:3, ...].to(device)
    predictions = model([x, ])
    pred = predictions[0]

# 画像描画の準備
image = (255.0 * (image - image.min()) /
                (image.max() - image.min())).to(torch.uint8)
image = image[:3, ...]
pred_labels = [f'pedestrian: {score:.3f}' for label, \
                        score in zip(pred['labels'], pred['scores'])]
pred_boxes = pred['boxes'].long()
output_image = draw_bounding_boxes(image,
                        pred_boxes, pred_labels, colors='red')

masks = (pred['masks'] > 0.7).squeeze(1)
output_image = draw_segmentation_masks(output_image,
                        masks, alpha=0.5, colors='blue')

plt.figure(figsize=(12, 12))
plt.imshow(output_image.permute(1, 2, 0))
```

　結果は 図3.21 のようになりました。物体認識や領域セグメンテーション
の結果はどうにも不十分に見えます。

図3.21 追加学習なしの場合の認識結果

そこで、Penn-Fudanのデータを用いて追加学習させてみます。次のコードで2エポックだけ追加学習させてみましょう。

リスト3.22 追加学習の実施

```
# 2エポックだけ学習させてみる
num_epochs = 2

for epoch in range(num_epochs):
    # 10回ごとに表示させながら1エポックの学習を実行
    train_one_epoch(model, optimizer, data_loader, device, epoch, print_freq=10)
    # 学習レートをアップデート
    lr_scheduler.step()
    # テストデータで評価
    evaluate(model, data_loader_test, device=device)
```

図3.22 追加学習したあとの認識結果

図3.22 にその結果を示します。どうでしょうか？人物を対象とした物体認識と領域セグメンテーションの両方が、きれいに実現できていることを確認できるでしょう。

CHAPTER3 のまとめ

本章では、画像処理に強い機械学習ライブラリの例として PyTorch を紹介し、以下のことを学びました。

- ☐ Facebook の AI リサーチラボが Torch というライブラリに基づき作成した PyTorch を概観しました。
- ☐ 画像認識と画像識別の違いやその応用例について学びました。画像の認識と認証、さらには、識別はそれぞれ違うものであること、固有の難しさがあることについて見ていきました。
- ☐ MNIST の手書き文字認識用のデータセットを確認し、PyTorch の応用例としてその認識プログラムを学びました。
- ☐ さらに、TorchVision を紹介し、その応用例として領域セグメンテーションの事例を体験しました。ペンシルベニア大学と復旦大学で開発された Penn-Fudan Database for Pedestrian Detection and Segmentation を用いた、歩行者検出の応用プログラムを学びました。

本章で紹介した PyTorch も、非常に使いやすい機械学習のライブラリです。ニューラルネットワーク、多層パーセプトロンを実現するプログラムのコードは直感的で、ニューラルネットワークの原理を理解してさえいれば、プログラムのコードの理解は容易です。

また、本章で紹介した TorchVision 以外にも、コンボリューショナルニューラルネットワーク（Convolutional Neural Network、CNN）やリカレントニューラルネットワーク（Recurrent Neural Network、RNN）といった典型的なニューラルネットワークのモデルを作成できます。PyTorch が使いやすいと思った方は、Web サイトや PyTorch の専門書など（我妻、2022 年など）を参考に、さらに理解を深めて、さまざまな応用例に挑戦してみてください。

CHAPTER

4

TensorFlowによる
画像認識&テキスト解析

本章では、前章に引き続き機械学習による画像認識と、自然言語で書かれたテキスト分析に挑戦します。機械学習のライブラリにはさまざまなものが提案されているので、同じテーマでもまた違ったプロセスで結果を出せます。ライブラリ開発にしのぎを削っているのは利用者にとって恵まれた状況といえるでしょう。

本章で扱うTensorFlowはGoogleが開発していることもあり、その能力には目を見張るものがあります。ここではそのごく一部を紹介するだけですが、説明する作業で使い方を学び、開発プロジェクトが提供するドキュメントを読み進めれば、さらにいろいろな応用を利かせることができるようになるでしょう。

SECTION

01 TensorFlow 入門

本章では TensorFlow を紹介します。前章で紹介した PyTorch 同様、TensorFlow も機械学習に使えるライブラリとしてとても有名で、豊富な機能を誇ります。

本節では、TensorFlow とはなにかを紹介したうえで、前章で紹介した MNIST のデータセットを用いた認識のテストについて説明します。PyTorch を使ったものと比べてみるのも一興です。

本章の後半では、RNN（Recurrent Neural Network）を用いた自然言語処理に挑戦します。RNN を用いて、映画のレビューコメントが好意的なものか否定的なものかを判定する判別器を作ります。

4.1.1 TensorFlow と Keras

TensorFlow は、Google が開発したオープンソースの機械学習ライブラリで、高機能な深層学習アプリケーションを簡単に作れるようにデザインされています（Abadi et al.、2015 年）（図4.1）。画像認識、音声認識、コンピュータビジョン、自然言語処理、自動翻訳など、いま考えられるあらゆる人工知能応用ソフトウェアの基礎的なデータ処理部分を実装できます。

Google が開発しているため、本書で演習用のプラットフォームとして用いている Google Colaboratory とたいへん相性がよい点も注目すべき利点です。Colab のバックエンド、ランタイムとして動くコンピュータのインスタンスイメージには、あらかじめ関連するライブラリがすべて組み込まれています。ほかのライブラリで利用するように、pip でいちいち取り込んで組み込む必要はありません[1]。それだけでなく、サンプルデータまで用意されているという至れり尽くせりさです（図4.2）。

Python 以外の言語対応やあらゆるプラットフォームへの対応も進んでいるため、TensorFlow を使えるようになっておくと応用の幅が広がるでしょう。また、TensorFlow は AI ライブラリとしては老舗的な位置付けにあるため、改良が進んでいて各種の最適化もなされており、比較的高い性能を示します。GPU などの AI 処理に適したハードウェアアクセラレーションも利用可能です。

MEMO

[1] もちろん、Colab 以外の環境で試してみる際には、これらを組み込む必要があります。

図4.1 TensorFlowのサイト

https://www.tensorflow.org/?hl=ja

図4.2 Colabランタイムにあらかじめ用意されているサンプルデータ

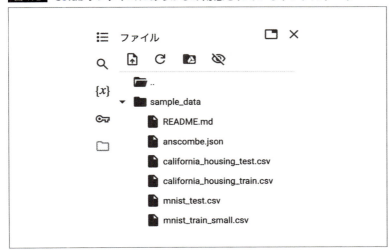

さらに、KerasというフレームワークをTensorFlow上で利用できることも大きな利点です。Kerasも深層学習を実現するためのAIフレームワークの1つですが、2017年、TensorFlowがKerasをサポートすることが決められ、Kerasの枠組みをうまく利用してより簡単に深層学習のモデルが構築できるようになりました（Google Devlopers、2017年）。

本章では、TensorFlowのなかでもKerasインタフェースを活用した事例を扱います。Kerasの特徴はニューラルネットワークのモデルを構成するそれぞれの層をレイヤーとして扱い、それらをビルディングブロックとして組み合わせて表現することでわかりやすい処理を実現する点にあります。

本章で説明する手書き文字認識と映画レビューコメント評価の判別器作成において、どのようなレイヤーが組まれて処理を実現しているかに注目しつつ、読み進めてみてください。

4.1.2 データセットの準備

もうお馴染みのColabを使って、TensorFlowを使ってみましょう。新しいノートブックをColabに用意して、手を動かしながら確認しましょう。

まず、使用するライブラリのインポートから始めるところはPyTorchなどと同じです。Googleが開発したTensorFlowですので、ColabのランタイムにはTensorFlowがあらかじめ組み込まれています。

扱うデータは、前章でも扱ったMNISTのデータです。

TensorFlowでは、tensorflow.keras.datasets モジュールのmnistというオブジェクトを利用すると簡単にそのデータを得られます。同オブジェクトのload_data()というメソッドを利用し、学習用のデータセット（x_train, y_train）と、テスト用のデータセット（x_test, y_test）を一気に取得します。

リスト4.1

```
from tensorflow.keras.datasets import mnist
# データセットの準備
(x_train, y_train), (x_test, y_test) = mnist.load_data()
x_train, x_test = x_train / 255.0, x_test / 255.0
```

得られたデータはどのようなフォーマットで格納されているのでしょうか。x_trainの最初の5個のデータを見てみます。

リスト4.2

```
x_train[:5]
```

　長々と数値データが表示されました。3重のリストになっているように見えます。
　次のようにデータ型を調べてみると、numpy.ndarrayであることがわかりました。

リスト4.3

```
type(x_train)
```

　次のようにして、データの長さや形を調べてみます。

リスト4.4

```
print(len(x_train))
print(len(x_train[0]))
print(len(x_train[0][0]))
```

　学習データの総数が60,000個、そしてそれぞれのデータは28×28の画素データということがわかりました。すでに前章で確認しているので、同じデータだということがわかって安心というところです。
　なお、教師データもy_train[:5]で最初の5個のデータを表示させてみると、次のような出力が得られ、確認できます。

実行結果

```
array([5, 0, 4, 1, 9], dtype=uint8)
```

　ここで注意しておくべき点は、リスト4.1 でx_train / 255.0として、0.0から1.0までの実数に変換している点です。もともとMNISTのデータは0から255までの整数で表現されているので、255.0で割る[2]ことでデータを正規化しておきます。
　表示させて確認してみます。Matplotlibを用い、次のコードで可視化しましょう。

MEMO

2　演算子が再定義されており、「/」だけですべての要素を割り算できます。

リスト4.5

```
import matplotlib.pyplot as plt

plt.figure(dpi=96)
plt.imshow(x_train[0],interpolation='nearest',
           vmin=0., vmax=1., cmap='Greys')
```

図4.3 はx_train[0]のデータを可視化したものです。先ほどの実行結果でy_train[0]が5であったことからもわかるように、数字の5ですね。

図4.3 MNISTデータセットの確認

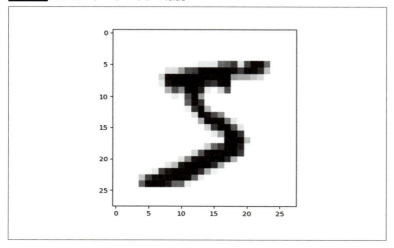

4.1.3 機械学習モデルの作成

次のコードで機械学習のモデルであるSequentialモデルを作成します。これらのモデルが扱うデータの形式を「テンソル」と呼びます。

リスト4.6 Sequentialモデルの作成

```
from tensorflow.keras.models import Sequential
from tensorflow.keras.layers import Input, Flatten, Dense, Dropout

model = Sequential([
```

```
        Input(shape=(28, 28)),
        Flatten(),
        Dense(128, activation='relu'),
        Dropout(0.2),
        Dense(10)
    ])
```

ここで並べられているInputからDenseまでは処理を行うオブジェクトで、「レイヤー」と呼ばれます。レイヤーは、入力として1個のテンソルを受け取り、処理結果を別のテンソルとして出力します。

Inputレイヤーでは、入力データ1個分が28×28の形をしていることを明示しています。その実体を次のコードで確認してみましょう。

リスト4.7

```
x = Input(shape=(28, 28))
x
```

このコードを動作させると、次のようなアウトプット[3]が得られます。

MEMO

3 name=keras_tesor_5 の数字部分は、実行時の状況により変化します。

実行結果

```
<KerasTensor shape=(None, 28, 28), dtype=float32, sparse=False, name=keras_
tensor_5>
```

次に、Flatten()を適用してみるとどうなるでしょうか。次のコードを試してみましょう。

リスト4.8

```
Flatten()(x)
```

先ほど作成したInputレイヤーをフラットにするコードです。その結果は次のようなものになるでしょう。

実行結果

```
<KerasTensor shape=(None, 784), dtype=float32, sparse=False, name=keras_
tensor_6>
```

28×28 ＝ 784です。2次元のデータがフラットな1次元のデータに変換されました。

さて、その次は「Dense」ですが、これは一体なんでしょうか。その実体は、ニューラルネットを構成するレイヤーです。TensorFlowのドキュメントには「Just your regular densely-connected NN layer.」とあります（TensorFlow、2024年）。密結合のニューラルネットを想定しています。なお、中間層としてのこのDenseレイヤーは、ノード数が128に指定されています。また、活性化関数としてはReLUが指定されています。

中間層Denseレイヤーに続き、「Dropout」レイヤーが置かれています。Dropoutレイヤーとはなんでしょうか。詳しくは次項で説明しますが、過学習を防ぐためのレイヤーです。過学習を防ぐために、一部のノードをランダムに不活性にするという処理を加えます。その確率を0.2に指定しています。

最後にまたDenseが置かれています。ノード数は10です。これが出力層に相当します。最終的に0から9までの数字を判別しているので、それらに相当するノードが10個、置かれていると理解できますね（図4.4）。

図4.4 モデルの構成

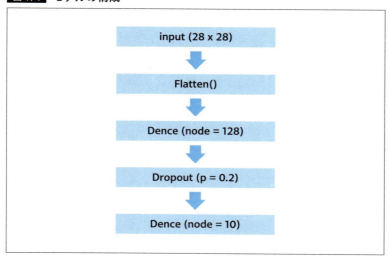

4.1.4 活性化関数とドロップアウト層

先ほど、中間層のDenseレイヤーを説明する際に、「活性化関数」という単語が出てきました。活性化関数とは、前の層からの入力を線形結合したものを、なんらかの処理を加えて適切な形に出力するための関数のことです（図4.5）。

図4.5 活性化関数のイメージ

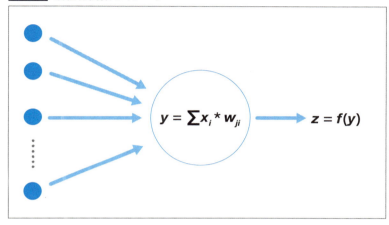

中間層のノードは前のレイヤーの出力を受け取り、重みを掛けて積和演算を行います。その結果が変数yに格納されます。変数yの値はそのままでは使われません。活性化関数f(y)にわたされ、適切な値に変換されてから、次のレイヤーにわたされます。

先の例で活性化関数として指定されていた関数は、ReLU（Rectified Linear Unit）[4]と呼ばれるものです。入力がマイナスの場合は0を、プラスのときはそのままの値を返すという非常にシンプルな関数です（図4.6）。形が高速道路の入り口（ランプ）に似ているので、ランプ関数と呼ぶこともあります。

活性化関数は、ReLU以外にもステップ関数（入力がマイナスの場合は0を、プラスのときは1）や、シグモイド関数（ステップ関数を緩やかに値が変化するように定義したもの）などが用いられます。ニューラルネットワークの初期にはシグモイド関数が代表的な活性化関数でしたが、ディープラーニングの時代になりReLUがよく利用されるようになりました。計算が簡単であることや、多層のネットワークにしたときに効率が劣化しないことなどの理由でReLUがしばしば利用されています。

MEMO
[4] 「レルー」と読みます。

図4.6 ReLU

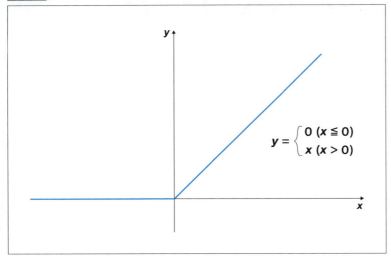

　次に、ドロップアウト層を説明します。先のモデルにおけるDropoutというレイヤーです。ドロップアウト層は、ニューラルネットワークを構築する際に、過学習を防ぐために考案された仕組みです。

　機械学習における学習とは、与えられた学習データを利用してモデルが持つパラメータをうまい具合に調整し、最適な解を出力するようにするためのプロセスです。ところが、学習データできれいに判別できたからといって、未知のデータに対して頑健な判別能力が得られるかどうかはまた別の問題です。

　ともすると、学習データに対しては上手に判別できるのに、未知のデータに対してはまったくうまく判別できないという状況が発生するかもしれません。与えられた学習データを上手に判別しようとするあまり、そのデータに過剰に最適化してしまうリスクが存在します。それが「過学習」と呼ばれる現象です。

　過学習を防ぐために、ドロップアウト層という考え方が導入されました（Baldi & Sadowski、2013年）。このドロップアウト層とは、ランダムにノードを不活性化することにより、過学習とならないように上手に学習を進められるようにしようというものです。不活性にされたノードは、その次の層への情報伝達を行いません。そのような仕組みを導入して、過学習とならないようにしようということが考えられました。

　どれだけのノードを不活性にするかはランダムに定められます。先の例では、0.2という確率が与えられていました。この例では、毎回0.2、す

なわち2割のノードを不活性にして計算することにより、過学習とならないようにパラメータの調整を行えるようになっています。

4.1.5 モデル学習のための準備

モデルを理解できたところで、次の手順は、学習データを用いてそのモデルを学習させる作業です。ところで、前章で確認した手順と同様に、今回も学習しないで予測させるとどうなるかを確かめてみましょう。

次のコードで未学習のモデルを用いて予測してみます。x_train[0] がなにかを予測[5] します。

> **MEMO**
>
> **5** x_train[0] を直接わたすのではなく、x_train[0] だけからなるデータセットをx_train[:1] として与えていることに注意しましょう。

リスト4.9

```
predictions = model(x_train[:1]).numpy()
predictions
```

予測結果は次のような出力になるでしょう[6]。

> **MEMO**
>
> **6** 数値は実行時によって微妙に変わります。以降、すべて同様です。

実行結果

```
array([[ 0.10978197,  0.08934571,  0.15849695, -0.4556428,
        -0.43694118, -0.08224165, 0.12637529, 0.42572233,
        -0.96778643, -0.32742602]], dtype=float32)
```

ここで出力された値は「ロジット」と呼ばれる数値データです。ロジットとは、判別器から出された生のデータのことを指します。通常は、正規化関数にわたされて処理されるべきデータです。

今回のケースでいっても、この数値をそのまま解釈するのは難しいところです。そこで、ソフトマックス関数というものを用いて正規化処理を行います。ソフトマックス関数を用いた処理は、次のコードで実現します。

リスト4.10 未学習のモデルで処理すると……

```
from tensorflow.nn import softmax
```

```
softmax(predictions).numpy()
```

ソフトマックス関数による出力は、次のようなものになりました。

実行結果

```
array([[0.11938186, 0.11696691, 0.12534153, 0.06782308,
        0.06910342, 0.09852435, 0.12137934, 0.16373801,
        0.04064025, 0.07710124]], dtype=float32)
```

この出力は、0から9までの文字の確率を表しています。明らかに、どの文字として判別されたのかはよくわかりません。学習がまだ行われていないので当然でしょう。

学習を進めるために、次は損失関数を定義します。損失関数とは、学習がどれだけ進んだかを示す指標を与える関数と考えてよいでしょう。損失関数を、次で定義します。

リスト4.11

```
from tensorflow.keras.losses import SparseCategoricalCrossentropy
```

```
loss_fn = SparseCategoricalCrossentropy(from_logits=True)
loss_fn
```

SparseCategoricalCrossentropyオブジェクトが損失関数に相当します。未学習のモデルでは、モデルの出力はランダムになり、1/10の確率でなにかが出力されるはずです。したがって、その損失関数の値は、$\log(1/10) ≒ 2.3$となります。確認してみましょう。

リスト4.12

```
loss_fn(y_train[:1], predictions).numpy()
```

このコードの出力は、2.3174515となりました[7]。予想どおりです。

学習処理を行う前の最後の準備として、モデルのコンパイル処理を行います。コードは次のとおりです。

リスト4.13

```
model.compile(optimizer='adam', loss=loss_fn, metrics=['accuracy'])
```

最適化処理として「Adam」と呼ばれるものを指定し、損失関数は先に定義したものを与えます。さらに、評価のメトリクスとして'accuracy'を指定します。これで準備が整いました。学習処理に進みましょう。

4.1.6 モデルの学習と評価

次のコードでモデルを学習させます。学習にはfit()メソッドを用います。学習データおよび学習用の教師データとして、それぞれx_train、y_trainを与えています。さらに、学習処理を5回繰り返すように、エポック数を5に指定しています。

リスト4.14 モデルの学習

```
model.fit(x_train, y_train, epochs=5)
```

学習プロセスが進んだ状況を 図4.7 に示します。accuracy（正確さ）とloss（損失関数の値）に注目してください。エポックが進むとともにaccuracyは高くなり、lossの値は小さくなっていることがわかるでしょう。学習が効果的に進んでいることを示しています。

図4.7 モデルの学習

```
model.fit(x_train, y_train, epochs=5)

Epoch 1/5
1875/1875 ━━━━━━━━━━━━━━━━━━━━ 9s 4ms/step - accuracy: 0.8587 - loss: 0.4853
Epoch 2/5
1875/1875 ━━━━━━━━━━━━━━━━━━━━ 5s 3ms/step - accuracy: 0.9565 - loss: 0.1488
Epoch 3/5
1875/1875 ━━━━━━━━━━━━━━━━━━━━ 10s 3ms/step - accuracy: 0.9675 - loss: 0.1109
Epoch 4/5
1875/1875 ━━━━━━━━━━━━━━━━━━━━ 6s 3ms/step - accuracy: 0.9720 - loss: 0.0902
Epoch 5/5
1875/1875 ━━━━━━━━━━━━━━━━━━━━ 10s 3ms/step - accuracy: 0.9762 - loss: 0.0765
<keras.src.callbacks.history.History at 0x7afb6ba3a650>
```

MEMO

[7] 数値は多少ばらつきます。

学習した効果をテストセットのデータを用いて検証してみましょう。学習結果の評価にはevaluate()メソッドを用います。与えるデータはテストデータとその教師データ、x_testとy_testです。

リスト4.15　テストデータによる評価

```
model.evaluate(x_test, y_test)
```

accuracyが0.9756、lossが0.0860と出てきました。学習データでも似たような値だったので、まずまずの結果といえるのではないでしょうか。

学習状況を個別に確認してみます。まずは、学習前に試してみたx_train[0]の予測です。学習前はどれも1/10程度というデタラメな予測でしたが、学習した結果、どうなるでしょうか。

リスト4.16　予測結果の確認

```
softmax(model(x_train[:1])).numpy()
```

モデルを予測して、ソフトマックス関数で確率に変換した結果をnumpy()メソッドで行列表示しています。その結果は次のようになりました。

実行結果

```
array([[2.5397408e-11, 3.4145882e-07, 1.2074618e-07, 9.7479904e-03,
        1.2253789e-16, 9.9025142e-01, 2.9696655e-11, 5.8333264e-08,
        3.4187552e-11, 3.9256793e-09]], dtype=float32)
```

指数表記で表されているので、ぱっと見では若干、理解しにくいところはありますが、6つめ[8]の数値だけ**0.99という高い数値**になっています。

ところで、modelはSequentialモデルとして構築されていました。検証結果をソフトマックス関数で確率として表記させるところまで、同様にSequentialモデルを用いて1つの手順にラップしてしまいましょう。次のように新しいSequentialを作ります。

MEMO

8　0から始まるので6つめが「5」です。4つめもそのほかの数値と比べると高いのは、「3」の可能性も否めないと判断されたのでしょうか。

リスト4.17

```
from tensorflow.keras.layers import Softmax

probabilities = Sequential([model, Softmax()])
```

これを用いて、テストデータの最初の5個を検証してみます。

リスト4.18

```
probabilities(x_test[:5]).numpy()
```

その結果は次のようになりました。

実行結果

```
array([[7.1652970e-08, 3.8356436e-08, 1.2903435e-04, 4.1409611e-04,
        1.1061506e-10, 8.1516788e-07, 1.4750291e-11, 9.9945468e-01,
        2.2391735e-07, 9.6416352e-07],
       [6.9845911e-09, 1.0960487e-04, 9.9986148e-01, 2.8661674e-05,
        3.0895082e-16, 2.3633074e-08, 7.0313875e-09, 5.9110293e-11,
        2.2610456e-07, 1.0649797e-13],
       [7.1127566e-08, 9.9950695e-01, 8.2437895e-05, 1.6172974e-06,
        1.5283078e-05, 2.2976128e-06, 4.9533355e-06, 3.7026609e-04,
        1.5467891e-05, 7.3414839e-07],
       [9.9915922e-01, 1.1631756e-07, 2.2988561e-04, 3.9171150e-06,
        2.3759058e-05, 2.4751616e-05, 3.4127632e-04, 9.0537564e-05,
        1.5547215e-06, 1.2502658e-04],
       [1.8645744e-05, 1.1294453e-08, 8.5631918e-06, 7.2409318e-07,
        9.9836093e-01, 3.9966358e-06, 1.5539958e-05, 1.0959183e-04,
        2.4454441e-06, 1.4794340e-03]], dtype=float32)
```

テストデータのラベルはどうなっているでしょうか。こちらも確認してみましょう。y_test[:5]の値を表示させてみればわかります。[7, 2, 1, 0, 4]となりました。上記の結果と比較してみてください。正しく判定できていると確かめられましたね。

有効数字と誤差

Pythonを用いた機械学習で出力されるデータは何桁もの数値が示されていますが、それらはいったい何桁までが本当に意味があるのかを考えたことはありますか？

学生たちは、しばしば「結果は0.123456789でした」などとプログラムが出力したデータをそのまま報告してきます。しかし、その細かいデータにどれだけの意味があるでしょうか。

多くの場合、有効数字がどのくらいの桁数なのかを考えながら結果を解釈すべきです。いまではコンピュータのプログラムが自動的に答えを出してしまうので、有効な桁数を意識しないで物事を進めることが多くなっているような気がします。しかし、実際のデータがどの程度精密なもので、そこから分析される結果の桁数にはどれだけの意味があるかをつねに意識することは大切です。

一方で、コンピュータの計算がつねに正確なものではないことを理解しておくのも重要です。数値計算を行う場合、π（円周率）やe（ネイピア数）など、無理数を取り扱った時点で必ずそれは近似計算になります。なぜならそれらの数は無限に細かく小数点以下の桁が続くので、どこかで打ち切らないと計算できないからです。そして打ち切った時点でそれは近似値です。

近似計算とならざるを得ないのは無理数に限った話ではありません。有理数でも循環小数になるようなものはどこかで諦めないといけないからです。

次の例は、毎年、授業で新入生を驚かせるために使っている事例です。10進数だとキリのよい数値が2進数で表現したときに循環小数になってしまうので、そのためにこのような簡単な計算でも誤差が出てしまうという例です。

```
$ python
Python 3.10.5 (main, Jul 31 2022, 20:27:49) [Clang
 13.0.0 (clang-1300.0.27.3)] on darwin
Type "help", "copyright", "credits" or "license" f
or more information.
>>> 0.1+0.2
0.30000000000000004
>>>
```

SECTION
02 テキストデータの処理

何度も同じ簡単な課題だけやっていても面白くないので、次は違った形のニューラルネットワークを考えて、その応用にチャレンジしてみましょう。

次に考えるニューラルネットワークはRNN（Recurrent Neural Network）と呼ばれるものです。このRNNを用いて映画レビューの文章データを評価する判別器の作成に挑戦します。

4.2.1 映画レビューのデータセット

対象とするデータセットは、「IMDB[9]映画レビュー大型データセット（Large Movie Review Dataset）」と呼ばれるものです。このデータセットには映画のレビューコメントが収められているだけではなく、一つひとつのレビューにそれが好意的（ポジティブ）なものか、否定的（ネガティブ）なものかの極性情報が付与されています。

同データセットには、学習用に25,000個、テスト用に同じく25,000個のデータが用意されています。中身を見てみましょう。ネガティブなデータはたとえば次のようなレビューです。カッコのなかに日本語訳[10]を示しました。

> Story of a man who has unnatural feelings for a pig. Starts out with a opening scene that is a terrific example of absurd comedy. A formal orchestra audience is turned into an insane, violent mob by the crazy chantings of it's singers. Unfortunately it stays absurd the WHOLE time with no general narrative eventually making it just too off putting. Even those from the era should be turned off. The cryptic dialogue would make Shakespeare seem easy to a third grader. On a technical level it's better than you might think with some good cinematography by future great Vilmos Zsigmond. Future stars Sally Kirkland and Frederic Forrest can be seen briefly.

（豚に不自然な感情を抱く男の物語。不条理喜劇の素晴らしい例で

MEMO

9 IMDBはInternet Movie Databaseです。インターネットに集められている大規模な映画情報データベースです。
URL https://www.imdb.com/

MEMO

10 日本語訳はDeepLによる翻訳に基づいて作成したものです（ポジティブの例も同様）。

CHAPTER 4 TensorFlowによる画像認識＆テキスト解析

147

ある冒頭シーンから始まる。フォーマルなオーケストラの観客が、歌い手たちの狂った詠唱によって狂気の暴徒と化す。残念なことに、終始不条理なままであり、一般的な物語がないため、最終的にはあまりに不快なものとなってしまう。その時代の人たちでさえも引いてしまうだろう。不可解な台詞を聞いていると、小学3年生でもシェークスピアが簡単に思えるだろう。技術的なレベルでは、のちに偉大な監督となるヴィルモス・ジグモンドによる素晴らしい撮影があり、思ったより良い。未来のスター、サリー・カークランドとフレデリック・フォレストの姿も少し見える。）

一方、ポジティブなレビューの例は次のようなものです。

Bromwell High is a cartoon comedy. It ran at the same time as some other programs about school life, such as 'Teachers'. My 35 years in the teaching profession lead me to believe that Bromwell High's satire is much closer to reality than is 'Teachers'. The scramble to survive financially, the insightful students who can see right through their pathetic teachers' pomp, the pettiness of the whole situation, all remind me of the schools I knew and their students. When I saw the episode in which a student repeatedly tried to burn down the school, I immediately recalled .... at .... High. A classic line: INSPECTOR: I'm here to sack one of your teachers. STUDENT: Welcome to Bromwell High. I expect that many adults of my age think that Bromwell High is far fetched. What a pity that it isn't!

（『ブロムウェル・ハイ』はカートゥーン・コメディである。『Teachers』のような学校生活を描いた番組と同時期に放映された。私は35年間教職に就いているが、『Teachers』よりも『ブロムウェル・ハイ』の風刺のほうがはるかに現実に近いと思う。経済的に生き残るために奔走する姿、哀れな教師の見栄を見抜く洞察力のある生徒たち、全体の情けなさ、これらすべてが私の知っている学校とその生徒たちを思い起こさせる。生徒が何度も学校を焼き払おうとしたエピソードを見たとき、私はすぐに......高校時代の......を思い出した。古典的なセリフだ：監督官：教師の1人をクビにするために来ました。

生徒：ブロムウェル高校へようこそ。私と同年代の多くの大人は、ブロムウェル・ハイなんてありえないと思っていることだろう。そうでないのがなんとも残念だ！）

どうでしょうか。なかなか微妙な判定のような気もしますが、いずれにしても、膨大な量のレビューコメントがポジティブとネガティブに分類されて用意されています。これらを用い、文章がポジティブかネガティブなのかの極性判別器を作ろうという試みに、いまから挑戦していきましょう。

COLUMN 映画ポスターの感性評価

本節では映画のレビューテキストに関して、ポジティブなものかネガティブなものかの感性評価に挑戦します。感性評価はテキスト以外にもさまざまなものが考えられます。

残念ながらAIを用いた自動評価ではないのですが、筆者らの研究グループも映画ポスターの感性評価、印象評価に関する研究を行ったことがあります（Hanagaki & Iio、2023年）。その研究では、ハリウッド映画の興行収入トップ100映画のポスターを対象として、感情価（valence）と覚醒度（arousal）という印象評価に用いる指標を人間に評価してもらうという実験を行いました。大雑把にいうと、感情価は好ましいか否かの度合いを、覚醒度は感情が揺さぶられるかどうか（さらに平たくいうと派手か地味か）の度合いを示します。

作成した評価システムは、用意した100枚の映画ポスターからランダムに6枚を提示し、それらについて感情価と覚醒度を評価してもらうというものでした。なお、映画ポスターの画像は、TMDb (The Movie Database) が提供する著作権的に問題ないものを用いました。

350件以上のデータを収集し、分析を試みたところ、ハリウッド映画のポスターは派手だと感じるものが多く、地味なものは好まれないという傾向が見出されました（次図）。

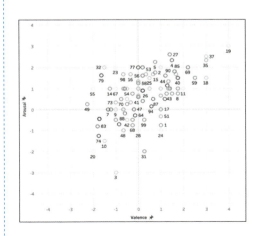

4.2.2 データの準備

それではColabの新しいノートを用意して、処理を試してみましょう。今回のモデルは多少複雑なため、学習に時間がかかります。したがって標準のランタイムでは学習処理に1時間以上かかる恐れがあり、**GPUが利用できるようであればそちらのランタイムに切り替えておきましょう**。無料版のGPUモデルで十分です。

まず、TensorFlowとTensorFlow_DataSetsの準備をしておきましょう。それぞれ、tfおよびtfdsとしてアクセスできるようにインポートします。ついでにNumPyもインポートしておきます。

リスト4.19

```
import tensorflow_datasets as tfds
import tensorflow as tf
import numpy as np
```

続いて、グラフを描画するための関数を定義しておきます。

リスト4.20 グラフ描画関数の定義

```
import matplotlib.pyplot as plt

def plot_graphs(history, metric):
    plt.plot(history.history[metric])
    plt.plot(history.history['val_'+metric], '')
    plt.xlabel('Epochs')
    plt.ylabel(metric)
    plt.legend([metric, 'val_'+metric])
    plt.show()
```

次のコードで必要なデータをダウンロードします。データセットとその情報が、それぞれdatasetとinfoという変数に格納され、さらにdatasetは学習用のデータセットとトレーニング用のデータセットに分割されます。

リスト4.21 データのダウンロード

```
dataset, info = tfds.load('imdb_reviews', with_info=True,
                          as_supervised=True)
train_dataset, test_dataset = dataset['train'], dataset['test']
```

infoの内容を見てみましょう。infoと入力して実行するとその内容が表示されます。データセットに関する情報が格納されていることがわかります。

実行結果

```
tfds.core.DatasetInfo(
    name='imdb_reviews',
    full_name='imdb_reviews/plain_text/1.0.0',
    description="""
    Large Movie Review Dataset. This is a dataset for binary sentiment
    classification containing substantially more data than previous benchmark
    datasets. We provide a set of 25,000 highly polar movie reviews for
    training,
    and 25,000 for testing. There is additional unlabeled data for use as well.
    """,
    config_description="""
    Plain text
    """,
    homepage='http://ai.stanford.edu/~amaas/data/sentiment/',
（以下略）
```

データセットの中身はどうなっているでしょうか。最初の5個を見てみましょう。このコードでは、データセットの最初にある5個のデータを取り出し、順番にデータ部分とラベル部分を表示させています。なお、データ部分は長い文字列になるので、**最初の40文字だけを表示**させています。

リスト4.22

```
for text, label in train_dataset.take(5):
    print('text: ', text.numpy()[:40])
    print('label: ', label.numpy())
    print()
```

結果は次のようになりました。文字列として表されているデータ部分[11]と、0（ネガティブ）または1（ポジティブ）である教師ラベルが組み合わせられています。

MEMO

11 バイト文字列であることを示す「b」が頭に付加されています。

実行結果

```
text: b'This was an absolutely terrible movie. D'
label: 0

text: b'I have been known to fall asleep during '
label: 0

text: b'Mann photographs the Alberta Rocky Mount'
label: 0

text: b'This is the kind of film for a snowy Sun'
label: 1

text: b'As others have mentioned, all the women '
label: 1
```

あとで実施する学習ステップのための準備として、データをシャッフルしてバッチデータを作成しておきます。

リスト4.23 バッチデータの作成

```
BUFFER_SIZE = 10000
BATCH_SIZE = 64
train_dataset = train_dataset.shuffle(BUFFER_SIZE) \
                    .batch(BATCH_SIZE).prefetch(tf.data.AUTOTUNE)
test_dataset = test_dataset.batch(BATCH_SIZE) \
                    .prefetch(tf.data.AUTOTUNE)
```

この処理をした結果、学習データはシャッフルされてバッチデータとしてまとめられました。では確認してみましょう。最初の1個だけ取ってきて、バッチデータの頭の3つを表示して確かめます。

152 SECTION 02 | テキストデータの処理

リスト4.24

```
for example, label in train_dataset.take(1):
    print('texts: ', example.numpy()[:3])
    print('labels: ', label.numpy()[:3])
```

結果はこのようになりました。なお、テキストデータは長いので最初の部分だけを示しています。

実行結果

```
texts:  [b'can any movie become more naive than this? ...',
b'Normally I try to avoid Sci-Fi movies as much as I can ...'
b'The Incredible Melting Man plays like an extended episode ...']
labels: [0 1 0]
```

データとラベルがそれぞれ順番を入れ替えられて[12]リストにまとめられている状況を確認できました。

> **MEMO**
> **12** 先の結果と見比べてみてください。

4.2.3 テキストエンコーダ

さて、テキストデータをニューラルネットに入力するにはなんらかの「特徴量」に変換してやらねばなりません。ここではTextVectorizationレイヤーを利用します。これはTensorFlowに用意されている**最も簡単なテキスト処理レイヤー**です。

リスト4.25

```
VOCAB_SIZE = 1000
encoder = tf.keras.layers.TextVectorization(max_tokens=VOCAB_SIZE)
encoder.adapt(train_dataset.map(lambda text, label: text))
```

トークン[13]の最大数をVOCAB_SIZEに設定し、adaptメソッドを利用してデータセットのテキストデータ部分を一気にわたしています。「lambda text, label: text」というラムダ式をmap()メソッドにわたしています。学習データの要素がそれぞれtext、labelとなっていたことを思

> **用語**
> **13** テキストを細かな単位に分割したものです。英語は基本的に1単語が1トークンで、日本語は実装により異なります（次ページのコラム参照）。

英語以外のテキスト分析

本節で紹介している映画レビューコメントの分析は、英語の文章を対象とした分析を行っています。英語の文はスペースで単語を区切る表現方法、いわゆる「分かち書き」で表現されているので、文をバラバラにして単語の組みとして扱うのは比較的簡単です。多少考えなければならないのは、活用で語尾が若干変化している点を標準形に直す処理を加えるかどうかくらいでしょうか。

一方、日本語はそうはいきません。日本語の文章は分かち書きされていないので、どこからどこまでが1つの単語なのかは見た目からだけでは判断できません。

そのため、日本語の文章を対象としたテキスト分析の多くは、まずは「形態素解析」と呼ばれる処理を施すところから始めます。形態素解析とは、辞書を参照しながら文節に区切り、文を単語の集合に変換する処理です。

形態素解析の研究は古くから行われており、フリーで使える優秀な形態素解析器が提供されていました。古くはChaSenやMeCabと呼ばれるソフトウェアがしばしば使われており、最近ではリクルートの研究所が開発しているGiNZAと呼ばれるソフトウェアが高性能な形態素解析処理を実現してくれます（松田、2020年）。

筆者はまだ挑戦したことがありませんが、英語や日本語以外のテキスト分析も、それぞれの言語によって事情が異なり、難しくも

あり面白くもありそうです。ハングルで表現される韓国語は、通常、分かち書きがなされているので日本語よりも扱いは簡単なのかもしれません。

もっとややこしい言語の1つに、タイ語があります。次のタイ語は、首都バンコクの正式名称である「クルンテープ・マハーナコーン・アモーンラッタナコーシン・マヒンタラーユッタヤー・マハーディロック・ポップ・ノッパラット・ラーチャタニーブリーロム・ウドムラーチャニウェートマハーサターン・アモーンピマーン・アワターンサティット・サッカタッティヤウィサヌカムプラシット」をタイ語で表現したものです。

กรุงเทพมหานคร อมรรัตนโกสินทร์ มหินทรายุธยา
มหาดิลกภพ นพรัตนราชธานีบูรีรมย์
อุดมราชนิเวศน์มหาสถาน อมรพิมานอวตารสถิต
สักกะทัตติยวิษณุกรรมประสิทธิ์

アラビア語などの例外を除き、多くの言語では横書きの場合、左から右に綴ります。さらに、子音と母音を左から順番に組み合わせて単語が作られます。しかし、タイ語は母音が上にいったり下にいったり、場合によっては手前に遡って読んだりするので、順序立てて文字を追いかけていくのが大変なのだそうです。知人の一人にタイ人の自然言語処理研究者がおり、彼が嘆いていました。

い出してください。ラムダ式でtextとlabelに分解したうえで、textのみを
すべての要素として取り出しています。

get_vocabulary()メソッドでボキャブラリ化されたデータを取り出せま
す。どのように語彙集が作られたか見てみましょう。

リスト4.26

```
vocab = np.array(encoder.get_vocabulary())
vocab[:20]
```

最初の20個のボキャブラリを表示してみると、こうなりました。

実行結果

```
array(['', '[UNK]', 'the', 'and', 'a', 'of', 'to', 'is', 'in', 'it', 'i',
'this', 'that', 'br', 'was', 'as', 'for', 'with', 'movie', 'but'], dtype='<U14')
```

[UNK]とあるのは**語彙に含められなかったトークン**です。
TextVectorizationによるエンコーダは基本的に可逆的なエンコーディング
を行いますが、一部、語彙に含められなかったトークンが発生すると、そ
の部分のみは不可逆になってしまいます。

エンコードされたデータはどうなっているでしょうか。次のコードで確認
してみます。エンコードされたデータを頭から3個、表示させます。

リスト4.27

```
encoded_example = encoder(example)[:3].numpy()
encoded_example
```

その結果は次のようになりました。

実行結果

```
array([[ 69,  99,  18, ...,   0,   0,   0],
       [  1,  10, 337, ...,   0,   0,   0],
       [  2,   1,   1, ...,   0,   0,   0]])
```

それぞれのトークンが番号（インデックス）に変換され、数値化されました。各テキストデータの長さは一定ではないので、バッチとしてまとめたテキストのなかで最大の長さのものに揃えられ、足りない部分は0で埋められます。先頭はコードが配置され、最後のほうはゼロパディングされている状況を確認してください。

テキストエンコーディングのイメージを 図4.8 に示します。通常、一般的な文章に含まれる単語は活用しているので、標準形に直すなどの処理を経てトークンとして整理されます。図4.8 を見て、文字列からベクトルへと変換されて特徴量が生成される雰囲気を理解しておきましょう。

図4.8 テキストエンコーディングのイメージ

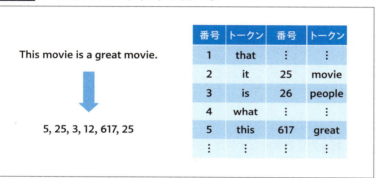

4.2.4 テキストエンコーダの動作の詳細

テキストエンコーダの動作を理解するために、もう少し詳しく見てみます。先ほど、このエンコード処理は可逆であると説明しました。

リスト4.28 エンコード処理の確認

```
for n in range(3):
    print('Original: ', example[n].numpy()[:40])
    print('Encoded: ', encoded_example[n][:10])
    print('Round-trip: ', ' '.join(vocab[encoded_example[n]]) [:40])
    print()
```

このコードは最初の3個のデータについて、オリジナルと、エンコードされたコードをデコードしたものと比較するコードです。エンコードされたコードはボキャブラリ辞書のインデックスなので、それらを利用してスペースで連結してあげればもとに戻るはずです。

結果はこうなりました。なお、オリジナルと1度エンコードしてからデコードしたもの、いずれも先頭から40文字までを表示しています。また、エンコードされた数値列は先頭の10個を表示させました。

実行結果

```
Original:  b'can any movie become more naive than thi'
Encoded:  [ 69  99  18 396  52   1  71  11  23 175]
Round-trip:  can any movie become more [UNK] than thi

Original:  b'Normally I try to avoid Sci-Fi movies as'
Encoded:  [  1  10 337   6 780 968  93  15  73  15]
Round-trip:  [UNK] i try to avoid scifi movies as muc

Original:  b'The Incredible Melting Man plays like an'
Encoded:  [  2   1   1 133 285  39  34   1 383   5]
Round-trip:  the [UNK] [UNK] man plays like an [UNK]
```

どうでしょうか。ところどころ[UNK]があるので完全に復元はできていませんが、多くの文が元通りにできている状況をみて取れます。なお、[UNK]のコードが1に割り当てられているのも興味深いところではありますね。

SECTION 03 RNNの利用

テキストデータを数値化して特徴量として利用できるようになったので、いよいよRNNのモデルを構築します。モデルを作って学習させれば判別器の出来上がり、となるはずですが、さてうまくいくでしょうか。

4.3.1 モデルの構築

図4.9は今回作成しようとしているRNNを利用した判別器モデルの全体像です。InputからTextVectorizationまでは前節で説明しました。本節では、Embedding以降を説明します。

図4.9 RNNのモデル

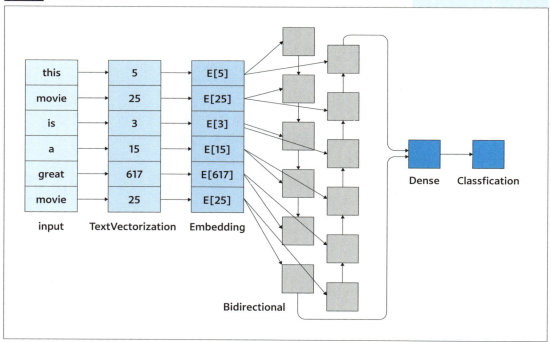

https://www.tensorflow.org/text/tutorials/text_classification_rnn に基づき作成

TensorFlowのレイヤー機能を用いて次のコードでモデルを作成します。

リスト4.29 Sequentialモデルの作成

```
model = tf.keras.Sequential([
# レイヤーを並べる
    encoder,
    tf.keras.layers.Embedding(
        input_dim=len(encoder.get_vocabulary()),
        output_dim=64, mask_zero=True),
    tf.keras.layers.Bidirectional(tf.keras.layers.LSTM(64)),
    tf.keras.layers.Dense(64, activation='relu'),
    tf.keras.layers.Dense(1)
])
```

すでに作成したエンコーダ以降は、Embedding、Bidirectional、Dense、Denseとレイヤーが並べられています。 図4.9 と見比べてみてください。

「Embedding」レイヤーとはなんでしょうか。すでに見たように、入力されたテキストに対して、語彙のインデックスが割り振られて文章が数値列になります。その数値列が入力になり、TextVectorizationレイヤーの出力とされます。その出力を受けて、それぞれのコードに対してベクトルを割り当てます。すなわち、ベクトル化されたテキストはさらに単語レベルでベクトル化され、総体としてベクトルが並ぶレイヤーになります。

このベクトルを順次RNNに入力することにより、単語の並びを考慮したニューラルネットワーク、時系列や順序データの処理を得意とするRNNの性能を活かせるようになるのです。

今回のEmbeddedレイヤーは、入力が単語シーケンスの長さ、出力が64個というレイヤーです。このレイヤーを噛ませることで、入力の長さにぶれがあっても安定して処理できるというおまけも得られました。

4.3.2 双方向RNN

このモデルの中心的なレイヤーが、次のBidirectionalレイヤーです。RNNは時系列を扱うために、順序立てて内部の構造にわたされるという特徴を持っています。自然言語処理においては、文章は順序立てて単語が並べられているので、その特徴を保持しながらうまく処理しようということでRNNが適しているとされています。

ただし、文章は頭から順番に依存関係があるだけでなく、後ろから前に関してもなんらかの依存関係があるはずです。英語であれば関係代名詞や前置詞など、後ろになにがくるかで変わり得るようなものも多いでしょう。

そこで、双方向の関係性を扱えるようにしたものがこのBidirectionalレイヤーです。図4.9では、上から下に情報が伝達するように並べられたレイヤーと、下から上に向かうように並べられたレイヤーの双方が描かれています。

これらの中身を処理するレイヤーが64ノードのLSTM（Long Short Term Memory）レイヤーです。LSTMという言葉は、自然言語処理向けのニューラルネットワークでよく耳にするので聞いたことのある方も多いでしょう。このレイヤーは、情報を保持する長期記憶と短期記憶の両方を兼ね備えた設計になっているレイヤーで、ニューラルネットワークの進化に合わせて使われるようになりました。

このように、Bidirectionalレイヤーはかなり複雑な構成をしているため、学習には多くの計算時間がかかります。そのため、Colabでこのコードを実行してみようとするときには、通常のランタイムではなくGPUを使用できるランタイムで試してみるべきなのです。

RNNから出力されたデータは通常のニューラルネットワークのレイヤーである64ノードのDenseレイヤーに集約され[14]、さらに出力レイヤーである1ノードのDenseレイヤーにまとめられます。最後はネガティブかポジティブかの判定をするだけなので、1ノードの出力レイヤーが適しています。

> **MEMO**
> **14** その活性化関数はReLUです。

4.3.3 モデルの学習

モデルを学習させる前に、モデルのコンパイルをしておきます。損失関数として、「二値交差エントロピー（BinaryCrossentropy）」と呼ばれる損失関数を、最適化器としてAdamを指定します。

リスト4.30

```
model.compile(loss=tf.keras.losses.BinaryCrossentropy(from_logits=True),
              optimizer=tf.keras.optimizers.Adam(1e-4),
              metrics=['accuracy'])
```

さて、ここで学習を行うわけですが、例によって、学習させる前だとど

うなるかを試してから学習させることで、その効果を見てみることにしましょう。テストデータを判定させるとどうなるか、次のコードを試してみます。

リスト4.31 未学習モデルの評価

```
test_loss, test_acc = model.evaluate(test_dataset)

print('Test Loss:', test_loss)
print('Test Accuracy:', test_acc)
```

このコードを実行させて、テストデータを対象として評価したときの損失関数と精度の値を計算してみます。

出力結果は次のようになりました。

実行結果

```
Test Loss: 0.6931405663490295
Test Accuracy: 0.5
```

損失関数の値はなんともいえないところとはいえ、精度は0.5と微妙な結果になりました。まだ学習していないので、曖昧な結果なのは当たり前です。

では学習させましょう。次のコードを実施してください。なおここで、学習状況の結果を代入しているhistoryという変数はあとで使います。

リスト4.32 モデルの学習

```
history = model.fit(train_dataset, epochs=10,
                    validation_data=test_dataset,
                    validation_steps=30)
```

GPUを利用できるランタイムでもそれなりに時間がかかります。コーヒーでも飲んで気長に待ちましょう。有料の強力なランタイムを用いれば、待ち時間を少なくできるかもしれません。

学習のエポック数を10に指定しているので、10回の学習状況が示されます。学習の結果は 図4.10 のような形で進捗が表示されるでしょう。

図4.10 学習の進捗状況

```
Epoch 1/10
391/391 ───────────────────── 29s 60ms/step - accuracy: 0.5063 - loss: 0.6837 - val_accuracy: 0.7870 - val_loss: 0.4619
Epoch 2/10
391/391 ───────────────────── 24s 60ms/step - accuracy: 0.7878 - loss: 0.4409 - val_accuracy: 0.8302 - val_loss: 0.3548
Epoch 3/10
391/391 ───────────────────── 23s 59ms/step - accuracy: 0.8423 - loss: 0.3568 - val_accuracy: 0.8615 - val_loss: 0.3296
Epoch 4/10
391/391 ───────────────────── 23s 57ms/step - accuracy: 0.8562 - loss: 0.3240 - val_accuracy: 0.8516 - val_loss: 0.3614
Epoch 5/10
391/391 ───────────────────── 41s 57ms/step - accuracy: 0.8631 - loss: 0.3154 - val_accuracy: 0.8448 - val_loss: 0.3264
Epoch 6/10
391/391 ───────────────────── 22s 57ms/step - accuracy: 0.8675 - loss: 0.3071 - val_accuracy: 0.8573 - val_loss: 0.3233
Epoch 7/10
391/391 ───────────────────── 41s 55ms/step - accuracy: 0.8676 - loss: 0.3046 - val_accuracy: 0.8714 - val_loss: 0.3062
Epoch 8/10
391/391 ───────────────────── 42s 57ms/step - accuracy: 0.8703 - loss: 0.2979 - val_accuracy: 0.8521 - val_loss: 0.3133
Epoch 9/10
391/391 ───────────────────── 41s 58ms/step - accuracy: 0.8716 - loss: 0.3014 - val_accuracy: 0.8448 - val_loss: 0.3156
Epoch 10/10
391/391 ───────────────────── 22s 57ms/step - accuracy: 0.8738 - loss: 0.2938 - val_accuracy: 0.8615 - val_loss: 0.3308
```

1回のエポックごとに精度（accuracy）のスコアが向上し、損失関数（loss）の値が小さくなっている点を確認しましょう。さらに、この学習プロセスでは、学習データだけでなく検証データも用いてそのデータでも確認しています。val_accuracyとval_lossがそれに相当します。それらの値も適切に変化していることを確かめてください。

4.3.4 学習の効果確認

学習してモデルが適切に構築できたら、判別器も正しい結果を出せるようになるでしょうか？ 先ほどチェックした予測のコードを、学習済みのモデルを用いて再度、検証してみます。コードは次のようなものでした。

リスト4.33 学習済みモデルの評価

```
test_loss, test_acc = model.evaluate(test_dataset)

print('Test Loss:', test_loss)
print('Test Accuracy:', test_acc)
```

学習済みのモデルで評価し直した結果は次のようになりました。

実行結果

```
Test Loss: 0.32655757665634155
Test Accuracy: 0.8406800031661987
```

損失関数の値は着実に減っており、精度もだいぶ向上しています。

学習が進むにつれて損失関数の値が小さくなり、精度が向上していく様子も確認しておきましょう。ここで、先ほど保存しておいた変数historyの情報を使います。

まずは、精度がどのように遷移したかを折れ線グラフで描いてみます。だいぶ前に定義しておいたので忘れてしまったかもしれませんが、グラフを描画するための関数plot_graphsを定義しておいたのを思い出してください。

リスト4.34 学習過程の確認(1)

```
plt.figure(figsize=(8, 6))
plt.ylim(0.4, 1.0)
plot_graphs(history, 'accuracy')
```

精度が学習を重ねるにつれてどのように変化していったかのかを、プロットした折れ線グラフを 図4.11 に示します。

accuracyの曲線は、学習データを用いたときの精度の変化を示しています。val_accuracyは検証データによるそれです。いずれも2エポックめの学習で、ほぼ頭打ちになっている状況を確認できるでしょう。検証データは未知のデータなので、**エポックを重ねたからといって確実に精度が高くなっているわけではない**点も注目に値します。

リスト4.35 学習過程の確認(2)

```
plt.figure(figsize=(8, 6))
plt.ylim(0.2, 0.8)
plot_graphs(history, 'loss')
```

続いて損失関数の値の変化を 図4.12 に示します。損失関数も同様に、

2～3エポックの学習で値が落ち着いている印象ですね。

図4.11 学習に伴う精度の変化

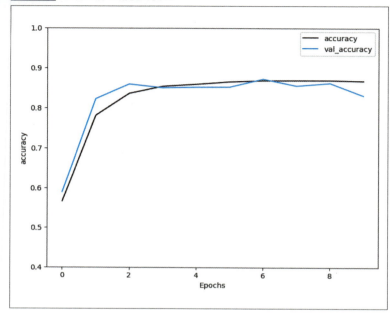

図4.12 学習に伴う損失関数の値の変化

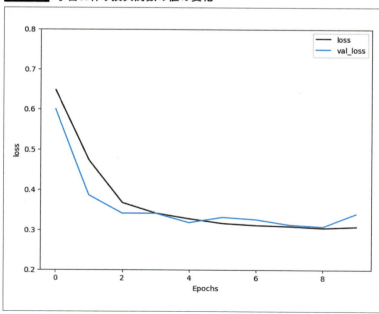

4.3.5 さらなる改良

先ほどのモデルは、Bidirectional レイヤーから次の Dense レイヤーへは 2 層のレイヤーの最後の出力を Dense に入力するという形になっていました。図 4.9 を再確認してください。

ここで、2 層以上の LSTM レイヤーを重ねることを考えてみます。Bidirectional レイヤーのオプションとして return_sequences = True を指定すると、図 4.13 に示すようなつなぎ方ができるように調整できます。

この設定であれば、Bidirectional レイヤーの出力を別の Bidirectional レイヤーにつなげることができるのです。

図 4.13　RNN のモデルその 2

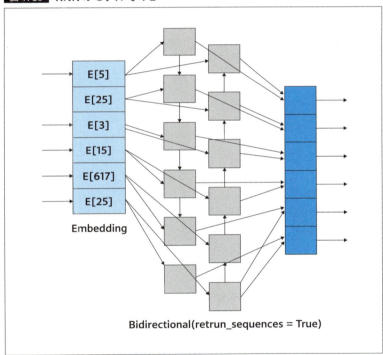

https://www.tensorflow.org/text/tutorials/text_classification_rnn に基づき作成

図 4.13 に示すような設定をしてモデルを作り直してみます。具体的には、次のコードです。

リスト4.36　改良した Sequential モデルの作成

```python
model = tf.keras.Sequential([
# レイヤーを並べる
    encoder,
    tf.keras.layers.Embedding(len(encoder.get_vocabulary()),
                              64, mask_zero=True),
    tf.keras.layers.Bidirectional(tf.keras.layers.LSTM(64,
                                  return_sequences=True)),
    tf.keras.layers.Bidirectional(tf.keras.layers.LSTM(32)),
    tf.keras.layers.Dense(64, activation='relu'),
    tf.keras.layers.Dropout(0.5),
    tf.keras.layers.Dense(1)
])
```

　Embedding レイヤーのあとに Bidirectional レイヤーを 2 層、重ねていることに注意してください。さらに、中間層の Dense レイヤーと最後のDense レイヤーの間にも、Dropout レイヤーを加えている点にも気をつけましょう。

　このようにモデルを設定してからモデルのコンパイルを行います。このコンパイルは先ほどと同じです。

リスト4.37

```python
model.compile(loss=tf.keras.losses.BinaryCrossentropy(from_logits=True),
              optimizer=tf.keras.optimizers.Adam(1e-4),
              metrics=['accuracy'])
```

　トレーニングセットを用いてモデルを学習します。モデルの学習は、もうお馴染みの fit メソッドですね。

リスト4.38　改良した Sequential モデルの学習

```python
history = model.fit(train_dataset, epochs=10,
                    validation_data=test_dataset,
                    validation_steps=30)
```

うまく学習できたでしょうか。

4.3.6 改良版モデルの性能評価

　改良したモデルの性能を評価してみます。テストデータで評価するコードは先ほどと同様です。

リスト4.39 改良したモデルの評価

```python
test_loss, test_acc = model.evaluate(test_dataset)

print('Test Loss:', test_loss)
print('Test Accuracy:', test_acc)
```

　このコードを実行させると、テストデータを使って損失関数と精度の値を計算します。その出力結果を次に示します。

実行結果

```
Test Loss: 0.31852617859840393
Test Accuracy: 0.8547599911689758
```

　損失関数の値はごく僅かだけ低くなり、精度もまたごく僅かに高くなりました。ほぼ誤差の範囲かもしれません。

　コードは省略しますが、変数historyの値を用いた精度の変化と損失関数の値の変化を 図4.14 と 図4.15 に示します。こちらも、先ほどと同様の変化を見せているといえるでしょう。

図4.14 学習に伴う精度の変化（改良版）

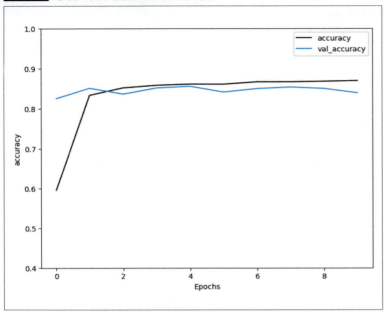

図4.15 学習に伴う損失関数の値の変化（改良版）

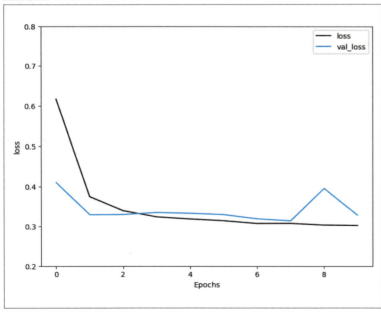

4.3.7 判別器の動作確認

最後に、作成した判別器の動作確認をしてみましょう。今回作成したモデルは、その文章がポジティブなレビューなのか、それともネガティブなレビューなのかを判定するものでした。

個々のデータに対してポジティブかネガティブかを判定するにはモデルのpredict()メソッドを使います。次のコードを実行しましょう。2つのレビューを判定してみます。**前者はとても好意的な、後者はかなり厳しいコメント**です。

リスト4.40

```
model.predict(tf.constant(["""
    This movie was fantastic!
    It is the most excellent movie that I have ever seen.
""",
"""
    This movie was exceptionally too bad.
    It is not worth watching.
"""]))
```

なお、このモデルへの入力データはtf.constant()でラップしてあげることに注意してください。単なる文字列データ[15]のリストは、エラーになります。

出力は次のようになりました。前者はかなり高い値でポジティブと判定され、後者はマイナス値になっているのでネガティブと評価されていますね。

> **MEMO**
>
> **15** ダブルクォーテーションマークを3個並べる書き方は「三連引用符（トリプルクオーテーション）」と呼ばれ、改行を含む長い文字列を表すためのPython独特の表記方法です。

実行結果

```
array([[ 3.6048787],
       [-0.7942487]], dtype=float32)
```

CHAPTER4のまとめ

本章では、Googleが開発しているTensorFlowの入門編として、以下のことを学びました。

☐ TensorFlowの基礎として、MNISTの手書き文字認識に再度挑戦しました。本タスクに関し、TensorFlowを用いて実現する場合はどのようにすればよいかを学びました。

☐ RNNの実装例として、映画のレビューコメントについてポジティブかネガティブかを判定する感情分析器を作成しました。テキスト処理に基づくRNNの利用例を概観しました。

本章では、TensorFlowのごく簡単な使い方しか紹介していません。TensorFlowの持つ潜在能力は非常に高いので、ここで紹介した使い方以外にも、もっと高度なさまざまな使い方ができます。本章での説明を理解したうえで、より効果的なTensorFlowの活用に挑戦したい方は、WebサイトやTensorFlowの専門書など（Krohn、2022年など）を参考にして、さまざまな応用例に挑戦してみてください。

CHAPTER

5

LLMを活用した言語生成AI

自然言語処理のAIといえば、大規模言語モデル（LLM）が大流行です。このモデルは複雑で、パラメータも膨大な数に及ぶため、ゼロからモデルを構築して学習させようとしても私たちの手には負えません。幸いなことに、学習済みのモデルで自由に利用できるようなものが数多く公開されており、比較的手軽に利用できるようになっています。

本章では、その効果的な利用方法としてのRAGを紹介し、RAGを使って適切な回答を生成するAIチャットシステムの作成に挑戦します。

Retrieval Augmented Generation (RAG)

SECTION 01

CHAPTER 5 — LLMを活用した言語生成AI

前章の最後に自然言語処理を対象としたAIの簡単な事例を紹介しました。昨今、自然言語を処理対象としたAIといえば、ChatGPTに代表される生成AIでしょう。本章ではその応用としてRAGの活用にチャレンジします。本節ではまず「RAG」とはなにか、RAGを構成するために必要なパーツなどについて説明します。

5.1.1 RAGとはなにか

2022年の年末にOpenAIが公開したChatGPTは、世界的に大きなインパクトを与えました。自然言語処理分野の研究者が「我々のやるべきことがなくなった」と嘆いたなどという話も聞こえてきた[1]ほどです。

ChatGPTはその後、さらにバージョンアップされ性能が強化されていきました。当初のような頓珍漢な回答が少なくなり、さまざまな活用が進められています。生成AIはその原理から、根本的に「考えて」回答を生成しているわけではありません。すなわち、人間が考える適切な回答を**なんらかの論拠に基づいて生成しているのではありません**。統計的なモデルを組み合わせて、断片的な文脈をつなぎ合わせ、確率を計算したうえで最も「それっぽい」文章を生成しているのです。

生成AIにおいて、いかにもそれっぽいものなのに、よく見るとまったくのでたらめであるようなものが出力される現象を「ハルシネーション」[2]と呼びます。これは生成AIの原理に鑑みると避けられない現象ではあります。

また、ChatGPTやそのほかの生成AIの問題点として、**サービスの向こう側がブラックボックスである点**も指摘されています。Webサービスとして対話処理が提供されているので、こちらから送信するテキストがどのように利用されているかまったくわかりません[3]。対話型の回答を生成する以外にどのような使われ方がなされているかわからないので、機密的な情報を入力することはためらわれます。社内の情報を入力することは禁じるとしている企業も多いようです。

そうなると、自前で大規模言語モデル（LLM）の処理システムを用意しなければなりません。しかし、LLMを自前で学習させるのは非常にコストがかかります。既存のモデルを利用しなければなりません[4]が、既存のモ

MEMO
1 さすがに冗談でしょうが……。

MEMO
2 幻覚を見ているようだということでハルシネーションと呼ばれます。

MEMO
3 多くのサービス提供会社が「学習には利用していない」と主張していますが、はたしてどうでしょうか。

MEMO
4 後述するように、大手企業や研究所などの各組織がこぞって多様なモデルを提案し、比較的自由に利用できるようになっています。

デルは学習のコンテキストが一般的すぎて、ハルシネーションを起こしがちという懸念が残ります。

そこで注目されているのが「Retrieval Augmented Generation（RAG）」と呼ばれるフレームワークです。RAGは既存のLLMをそのまま利用するのではなく、付加的なデータを追加することによって領域に特化した情報を加味できます。そのため、ハルシネーションとなる確率を抑えられるとされています。それだけではなく、ローカルで処理できるので、情報を外部に流すリスクを抑えられるという利点も享受できます[5]。

RAGのシステムを図5.1に示します。RAGはRetrieval（情報取得）、Augmentation（補強）、Generation（生成）の3段階から構成されるので、順を追って説明します。

MEMO
[5] 以降で紹介する例ではColoabを使うので、Googleにデータをわたしますが。

図5.1 Retrieval Augmented Generation（RAG）のシステム

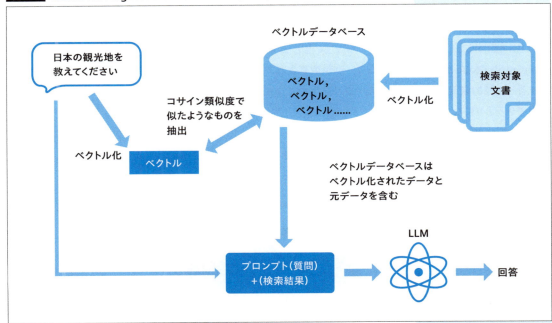

まずRetrievalですが、文書取得パートが関連する情報を取りにいきます。関連する情報（検索対象文書）は、文書の各項目がベクトル化されてベクトルデータベースに格納されています。質問（クエリ）文もベクトル変換され、ベクトル同士の類似度、通常はコサイン類似度[6]などを用いて関連しそうな文書をいくつか取得します。

次にAugmentationです。LLMにデータをわたす際に、質問に合わせ

用語
[6] ベクトルの内積をそれぞれの大きさで割ったもので、ベクトルのなす角度を基準として似ているかどうかを判定する基準です。

て、ベクトルデータベースから取得した関連しそうな情報も加えてわたします。このようにすることで、少しでもハルシネーションを防ぎ、適切（そう）な回答を生成しようとします。

最後に、それらの情報をLLMに入力し、回答を生成（Generation）して結果とします。このようにして出力された回答は、補足する情報がない場合に比較して、**より適切な回答になっているはず**です。ほかにも、得られた関連情報をいくつか用意して比較あるいは選択することによって、精度を高めようという工夫が凝らされているRAGのシステムもあります。

5.1.2 LangChain

LangChainは、LLMを利用したアプリケーションを簡単に作れるようにするためのフレームワークです（図5.2）。作るだけでなく、サービスとして運用するまでをサポートするようにデザインされています。開発にはLangChainとLangGraphが、サービス化と運用にはLangSmith、LangGraph Cloudといったフレームワークが用意されており、それらを使用すると比較的容易にLLMを使ったアプリを用いてなんらかのサービスを提供できるようになります。

なお、LangChainとLangGraphは、オープンソースソフトウェアとして公開[7]されています。本節ではLangChainを説明します。

図5.2 LangChainのWebサイト

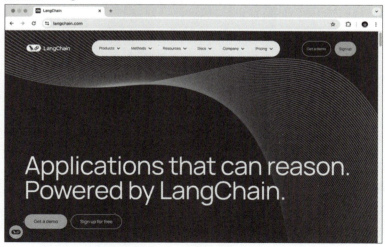

https://langchain.com/

> **MEMO**
> [7] LangSmithやLangChain Cloudは商用のサービスとして提供されます。

LangChain自体は、オープンソースのプログラミングライブラリとして提供されています。すなわち、Pythonから[8]モジュールをインポートして利用できるものです。

基本的なモジュールや「LangChain Expression Language（LCEL）」と呼ばれる特殊な記法を用いた表現を利用可能にする機能は、langchain-coreパッケージとして提供されています。さらに、langchain-openaiやlangchain-anthoropicといった、ほかのプロジェクトとのインタフェースを与えるような統合パッケージ各種も用意されています。本節で紹介する例では、langchain-huggingfaceを利用します。

アプリケーションにおける認知のアーキテクチャなどを提供するlangchainや、サードパーティが提供する機能がメンテナンスされているlangchain-communityも活用しましょう。これらをうまく使うと、**RAGを比較的簡単に実装できます**。本章で作成するスクリプトでは、langchain-communityからPDFリーダーや後述するベクトルデータベースChromaへのアクセスを利用しています。

5.1.3 Ollama

次はOllamaです（図5.3）。Ollamaは、フリーで提供されている各種のLLMモデルをローカルで実行するためのプラットフォームです。

ローカルで実行できるということは、当然、Colabのランタイムでも独自に実行できるというわけです。実際に、macOS[9]、Linux、Windowsで動かすことができるので、ColabのLinuxランタイム環境にダウンロードして実行させることも可能です。

ChatGPTの出現以来、さまざまなLLMのモデルが提案されています。なかには、オープンソースソフトウェアとして提供されているものもあります。一方で、LLMは「大規模言語モデル」というようにパラメータの数が莫大で、それらを自前で学習させるには高価なGPUのボードを多数用意しなければならない[10]などの高いハードルもありました。

パラメータの数を減らして、手軽に利用できるようにしているものも提案されるようになっています。たとえば図5.4はOllamaのWebサイトで表示されるモデルの例ですが、いろいろな種類のllama 3を選べます。llama 3はMeta社が2024年春に発表したLLMで、2024年の時点で最大ともいえる4,000億個のパラメータを学習したモデルはとてもよい性能を示すとアナウンスされています。

MEMO

8 Pythonだけでなく、JavaScriptからも利用できるものが提供されています。

MEMO

9 AppleシリコンのMacに限ります。

MEMO

10 「最低でも1枚100万円のGPUボードを8枚用意しないと話にならないので、環境を用意するのがたいへん」という某先生の嘆きを聞きました。私の研究室のような貧乏研究室では、もはやお話にもなりません。

図5.3 OllamaのWebサイト

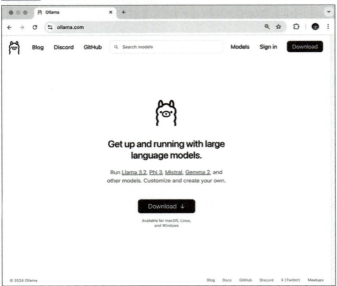

https://ollama.com

図5.4 各種のllama 3

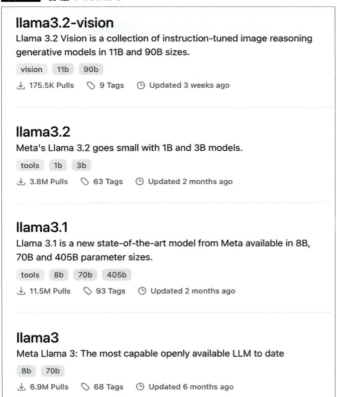

図5.4はいろいろなモデルが選べることを示していますが、なかでも、それぞれの項目に示されている11b、90bといったアイコンに注目してください。これは、11 billion[11]や90 billionというモデルのサイズを表しています。つまり、それぞれ110億個のパラメータ、900億個のパラメータを持つモデルであるということです。当然ながら、モデルのデータサイズ自体もパラメータの数が増えると大きくなります。

モデルのサイズが小さいものは使いやすいのですが、性能は劣ります。モデルのサイズによって、**使いやすさと性能はトレードオフの関係にある**といえるでしょう。

> **MEMO**
> [11] billionは10億です。

5.1.4 Ollamaの使い方

基本的に、OllamaはLLMにアクセスするコマンドラインツールを提供[12]します。ターミナルからOllamaを使ってllama3.2にアクセスしている状況を図5.5に示します。なお、Ollama自体はシステムにインストールされていて、Ollamaサーバーがバックグラウンドで動作しているものとし、ダウンロードして初めて使う状況を前提としています。

図5.5 Ollamaの利用状況

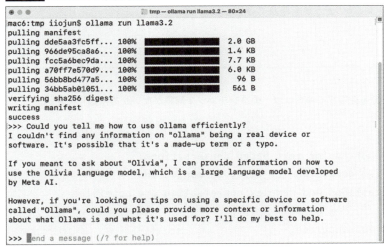

図5.5では次のコマンドでllama3.2を使用しています。llama3.2を起動せよ[13]というコマンドです。

> **MEMO**
> [12] OllamaのインストールはWindows、Mac、Linuxでそれぞれ異なるため、ここでは説明を割愛します。OllamaのWebサイトにアクセスし、Downloadボタンをクリックすると簡単な手順でインストールできるので、その指示に従って作業を進めてください。

> **MEMO**
> [13] モデルの大きさを指定しない場合、デフォルトでは3bモデルが選択されます。小さめの1bモデルを選びたいときは、llama3.2:1b のように指定すればOKです。

リスト5.1

```
ollama run llama3.2
```

　ダウンロードしてから初めて使うという状況なので、いかなるモデルも
ダウンロードされていません。したがって、モデルがダウンロードされて
いる状況が表示されています。実際には、プログレスバーのようにダウン
ロードが進んでいる様子が示されるはずです。

　ダウンロードしたモデルは、コンピュータのローカルストレージに保存さ
れます。ここではrunコマンドでダウンロードしてから実行されていますが、
pullコマンドを用いて明示的にモデルのダウンロードだけを指示すること
もできます。

　ダウンロードが終わると「>>>」というプロンプトが表示され、対話
がスタートします。ここでは"Could you tell me how to use ollama
efficiently?"（ollamaを効率的に使用する方法を教えてください）と入れ
てみました。ところが、"「ollama」なんて知らないよ"という答えが返っ
てきました。どうしたことでしょう？

　「Olivia」だったら、「Ollama」なら、と回答が示されています。本来
Ollamaと記述すべきところ、ollamaとタイプミスしてしまったので、この
ような回答が選ばれたようです。たいしたものです。

　なお、llama3.2に"日本語が使えるか"どうかを尋ねてみました。

実行結果

```
>>> 日本語は使えますか？
はい、英語ではありますが、日本語を使用する場合は以下のコンテンツで問題がないかご確認ください。

1.  English support:
 *  English input is supported for text-based conversations.
 *  English output is also generated for clear communication.
 *  English follow-up questions and complex conversation are possible.
2.  Japanese support:
 *  Japanese text input is supported.
 *  Basic response generation in Japanese is available.
 *  Limited to simple questions and basic responses.
3.  English or Japanese support:
 *  User can switch between English and Japanese input/output.
```

日本語の質問やコンテンツは、英語のものと大きく異なります。日本語の質問には以下のような特徴があります。

1. よくわかりにくい特性
2. さまざまな種類の質問の使用
3. 様容や体現における文化的意味合い

きっちり日本語と英語で説明が出てきました。"日本語の質問はわかりにくく、さまざまな種類の質問があり、文化的意味合いも違うから"と言い訳しています[14]。うまく学習されているようです。

「/」で始まる入力はOllamaに対するコマンドと解釈されます。対話を終えるには/byeコマンドを入力します。ダウンロードしたモデルを削除するにはrmコマンドを使用します。いま使用したllama3.2をもう使わないのであれば、次のコマンドを打てばOKです。

| MEMO |

14 皆さん、このような表現になんとなく人間味を感じてしまうようです。

リスト5.2

```
ollama rm llama3.2
```

先ほど説明したとおり、Ollamaはコマンドラインツールを提供するものですが、サードパーティによるGUIもいくつも提案されています。図5.6はその1つ、Ollama UIというWebベースのアプリです。Ollama自体がローカルマシン上でサーバーとして起動しているので、コマンドラインからではなくWebからアクセスすればよいという単純な理屈です。

CUIやGUIから人間がアクセスするだけでなく、プログラムからAPIを介してOllamaのサーバーにアクセスすることも、当然できます。以降のプログラムでは、このような仕組みを用いてLLMにアクセスするようにしています。

図5.6 Ollama UIを利用したGUI

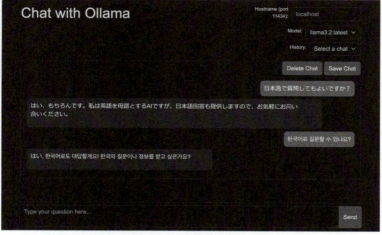

Chromeの拡張機能「ollama-ui」を動作させたところ

5.1.5 そのほかのツール

　RAGを構成する際に必要となる付加的な情報を蓄積するために、Chromaデータベースを使います（図5.7）。Chromaは、AIネイティブのオープンソース・ベクトルデータベースだとWebサイトに書いてあります。AIネイティブとかベクトルデータベースとか、どういうことでしょう？

　AIネイティブは、AIシステム、とくに**LLMに特化したようなデータベース**ということでしょうか。ベクトルデータベースはテキスト情報を断片に分割し、それに対応するベクトルを関連付けて管理できるというデータベースです。

　今回はRAGを実装する際に、langchain-communityに含まれるライブラリを利用してChromaデータベースを使用します。

図5.7 ChromaのWebサイト

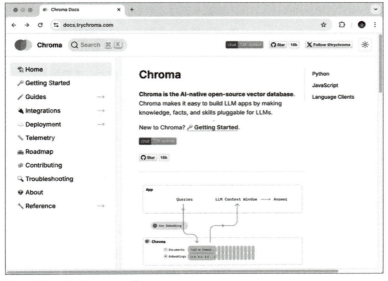

https://docs.trychroma.com/

生成AIでプログラマーは不要になるのか

COLUMN

ChatGPTが登場し、生成AIがちょっとしたフィーバーを巻き起こしていたころに「ChatGPTでプログラマーはお払い箱になるのか」[*]と題するブログの記事を書いたところ、普段はせいぜい数十から数百程度しかアクセスのない筆者のブログサイトなのに、その記事だけ2万近いアクセスを稼ぐという珍事が起きました。直接的には、あるインフ

[*] https://iio-lab.blogspot.com/2023/02/does-chatgpt-substitute-human-programmers.html

ルエンサーが紹介してくれたからですが、内容も注目を浴びるような記事だったからでしょう。

その記事は、ChatGPTに対して「コマンドライン引数で2つの数字を受け取って足し算をした結果を表示するCのプログラムを書いてください」というプロンプトを与え、その実力を試そうというものです。

記事は、ChatGPTの回答に不満を持つ筆者が次々にプロンプトの指示を細かくしていき、その過程を事細かに報告しています。最後のほうのまとめの部分を、ここに引用してみましょう。

ここまで、皆さんはどうお感じになっただろうか。私は「ChatGPT、なかなかやるやんけ」という印象を持った。さて、プログラマーは本当に失業してしまうのだろうか？

問題は、素人が下記の要件を簡単に書けるだろうか、という点である。

コマンドライン引数で2つの数字を受け取って足し算をした結果を表示するCのプログラムを書いてください。ただし、その引数は数字であれば実数であっても分数であってもよく、数字でない場合はエラーメッセージを出して数字を入力することをユーザに促すこと。引数とし

て分数も受け取れるようにすること。分数は、整数/整数、という形式で表現するものとする。引数の有効性をチェックする部分は1つの関数として括り出し、mainはコンパクトな関数にしてください。最後の出力は、printf('%.7g + %.7g = %.7g\n', a, b, a+b);としてください。

さらに、出てきたコードが正しいものであることをきちんとチェックできるか、という観点もある。テストコードがあればいい？そのテストコードは誰が書くのだろうか。ChatGPTが書く？ほなそのテストコードの仕様は誰が書くのか。

2個の数字を足してその結果を表示するだけ、という、とてつもなくシンプルなコードでこれである。プログラマー失業説を唱える方々には、「現実の情報処理システムに関して、ChatGPTにどうやって訊く？」と問いたい。

いまでは生成AIも当時よりさらに進化してはいるものの、ここに書かれていることは本質を突いています。これを読んで、皆さんはどう判断されるでしょうか。将来、プログラマーはChatGPTのような生成AIに置き換えられると思いますか？

SECTION

02 RAG実装の準備

それでは、実際にRAGを実装していくことにしましょう。以下の流れでは、必要なライブラリを準備し、Ollamaサーバーをインストール、Ollamaを利用したモデルの導入で、RAGにいたる前の準備までを行います。RAGとして追加情報を利用しないと、どのくらいの精度が出るものかを確認してから適切なRAGを実装することで、RAGの効果を確かめてみようという算段です。したがって、実際のRAGの実装は次節で行います。

5.2.1 ランタイムの準備

今回もColabで作業します。ただし、実行にはGPUランタイムが必要です。無料版でも利用できるT4 GPUに切り替えておきましょう（「3.4 TorchVisionによるセグメンテーション」も参照してください）。

必要なライブラリをpipでインストールします。LangChainを利用するためにlangchain、langchain_communityを、そしてChromaとOllamaを使うためにlangchain_chroma、langchain_ollamaをインストールします。さらに、Sentence-Transformerとlangchain-huggingfaceを使用するために、sentence_transformersとlangchain-huggingfaceをインストールしておきます。

リスト5.3 使用するライブラリの準備

```
# langchainのインストール
!pip install langchain langchain_community

# ベクトルデータベース chroma のインストール
!pip install langchain_chroma

# ollamaを使ってLLMを利用
!pip install langchain_ollama

# Sentence-Transformerとlangchain-huggingfaceを利用
!pip install sentence_transformers langchain-huggingface
```

5.2.2 Ollamaサーバーのインストールと起動

　続いてランタイムにOllamaをインストールしましょう。OllamaのWeb
サイトで提供されているLinux向けインストール用スクリプトをcurlコマン
ドで取得し、そのままシェルにパイプでわたしています。シェルがスクリプ
トに記述されているコマンドを順番に解釈してインストール作業を進めると
いう仕組みです。

リスト5.4　**Ollamaのインストール**

```
!curl -fsSL https://ollama.com/install.sh | sh
```

　インストール作業が次のように進むはずです。

実行結果

```
>>> Installing ollama to /usr/local
>>> Downloading Linux amd64 bundle
##############################################################################
############## 100.0%
>>> Creating ollama user...
>>> Adding ollama user to video group...
>>> Adding current user to ollama group...
>>> Creating ollama systemd service...
WARNING: systemd is not running
WARNING: Unable to detect NVIDIA/AMD GPU. Install lspci or lshw to automatically
detect and install GPU dependencies.
>>> The Ollama API is now available at 127.0.0.1:11434.
>>> Install complete. Run 'ollama' from the command line.
```

　最後にメッセージが出ているように、自動で起動はしてくれません。な
お、起動させる前に、ちょっとしたおまじないをしておきましょう。環境変
数LD_LIBRARY_PATHをシステムのNVIDIAライブラリに設定します。

リスト5.5

```
import os
```

```
# LD_LIBRARY_PATHをシステムのNVIDIAライブラリにセットしておく
os.environ.update({'LD_LIBRARY_PATH': '/usr/lib64-nvidia'})
```

準備ができたので、Ollamaサーバーを起動しましょう。ollamaコマンドでサーバーを起動させます。なお、nohupはシェルを閉じても「ハングアップシグナル」を生じさせないことを意味し、最後の＆はバックグラウンドで実行することを意味します。したがって、このようにollamaコマンドを実行すれば、Colabのシェルが閉じても[15]ランタイムのなかで実行し続けることになるのです。

> **MEMO**
>
> **15** Colabのコードセルごとにシェルが動作するので、このような指定をしないとランタイムで自動的にバックグラウンド実行してくれることはありません。

リスト5.6 Ollamaサーバーの起動

```
!nohup ollama serve &
```

5.2.3 Ollamaの利用

準備が整ったので、いよいよOllamaを使ってみましょう。おっとその前に、モデルデータをダウンロードしておかねばなりません。今回は**70億パラメータを持つQwen2のモデル**を利用します。Qwen2は多国語の利用に強いといわれている、Alibabaが開発したモデルです。

Qwen2のデータは次のコマンドでダウンロードします。

リスト5.7 Qwen2のダウンロード

```
!ollama pull qwen2:7b
```

4.4ギガバイトのデータですが、通常であれば「pulling ...」というメッセージとともにサクサクとダウンロードされるはず[16]です。

さて、Ollamaにアクセスして回答を得るためのコードを示します。ollamaライブラリをインポートして、chatメソッドでアクセスします。モデルとしてqwen2:7bを指定し、メッセージとして「日本でお勧めの観光地を5つあげてください。」と尋ねます。メッセージに含まれる'role'には、'user'、'system'、'assistant'などが用意されています。通常は'user'でよいでしょう。

> **MEMO**
>
> **16** まれにですが、運が悪いと非常に時間がかかることもあります。そのときはじっとがまんして、すべてのデータがダウンロードされるまで待ちましょう。

リスト5.8 **Qwen2との対話**

```
import ollama
response = ollama.chat(model='qwen2:7b',
    messages=[
        {'role': 'user',
         'content': '日本でお勧めの観光地を5つあげてください。'},
    ])
print(response['message']['content'])
```

　生成されたレスポンスは入れ子の辞書（連想配列）になっています。'message'をキーとして出てくるデータのなかで、さらに'content'をキーとして出てくる値のなかに、生成された文章が格納されています。

　先のコードの出力は次のようになりました。

実行結果

1．京都：　京都市は日本の歴史と文化が豊かに保存された街として知られています。金閣寺、伏見稲荷大社、二条城など、その美しい風景や伝統的な建築を楽しむことができます。
2．長崎：　長崎はアジアとヨーヨー大陸の交流の象徴であり、その歴史に深く関わっています。長崎の教会、元住民公園などがその証として現れています。
3．北海道：　大自然が豊かな北海道を訪れるのは素晴らしい体験です。美しい湖や山、そして美味しい料理で有名なこの地は四季折々に異なる景色をご堪能いただけます。
4．熱海：　美しい海岸線と温泉が特徴の熱海はリラクゼーションを好む人々にとって理想的な場所です。特に「相模大神宮」、「伊豆の森公園」など、観光地が数多くあります。
5．岡山：「岡山緑の里」で知られ、美濃国長屋江に点在する広々としたお茶畑は絶景です。また「岡山城」や「岡山県立大学」など、歴史と文化が詰まった場所として訪れます。
これらの地には各時代の魅力を堪能しながら新たな体験を発見することができます。

　どうでしょうか。それっぽい文章が作成されていますが、ヨーヨー大陸、元住民公園、相模大神宮、伊豆の森公園、岡山緑の里、美濃国長屋江など、なにそれ? とおぼしき単語が羅列されています（図5.8）。

図5.8 Qwen2のハルシネーション

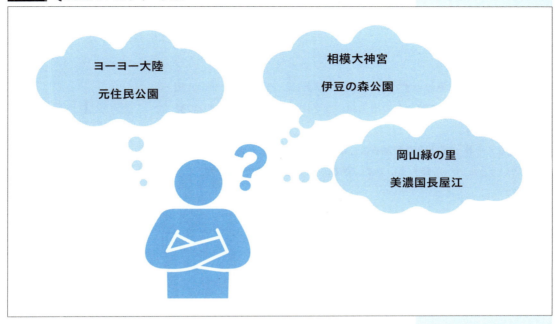

　ちなみに「中央大学国際情報学部の教授を5名あげてください。」として聞いてみたら、答えは次のようになりました。

実行結果

1．森田　健一郎　教授：「ビジネスサイエンス」領域の専門家で、データマイニングや機械学習に関する研究が特に注目されています。また、教育でも実世界の問題解決に焦点を当てたカリキュラムを開発しています。
2．高橋　裕一　教授：「メディアサイエンス」領域の専門家です。「コンテンツ分析」「情報理論」などに精通しており、これらの技術が社会やビジネスにどのように適用されるかを研究しています。
3．江藤　昭広　教授：情報セキュリティとプライバシー保護に関する深い知識を持つ専門家です。彼の研究は、データベースの安全性向上、ネットワークセキュリティ、以及デジタル証明書といった分野に影響を与えています。
4．長谷川　勇　教授：「認知情報学」領域で特徴的な視点を持ちます。彼の研究は主に人間の思考と情報処理の間に起こる相互作用に関連しています。また、これに基づいた新しいインターフェースやシステムを設計し試験しています。
5．山本　健一　教授：メディアアートとインタラクティブなコンテンツ制作に関する専門家です。「インタラクティブ芸術」「マルチメディアエン

ターテイメント」などの領域で、未来のメディアコミュニケーションの形を描く研究を行っています。

おやまあ。私の同僚のはずですが、困ったことに、誰も知りません。知らない人たち[17]ばかりです。この出力は、まさに、ハルシネーションの見本という状況です。

なんとなくそれっぽい出力を得ることは確かめられましたが、実用的かどうかというとたいへん疑わしいです。さて、どうしたものでしょうか。

MEMO

17 この質問に続けて「中国語で答えてください。」と追加したら、5名の教授がすべて中国人になりました。なんてこった。

SECTION

03 RAGの実装

LLMを利用できるようになりましたが、ハルシネーションばかりではどうしようもありません。コンテキストを絞ることで、あるいは新たに知識を与えることによって、なんとかハルシネーションとならないような文章を生成できるようにならないでしょうか。

そこで、専門的知識をデータベースに追加して補足するようにし、RAGを作り込んでいきましょう。既存のフレームワークに新しい知識を追加して、より適切な回答を生成するように改良できる点は、まさにRAGの真骨頂です。本節では、前節で作成したRAGを改良して専門的な質問に耐え得るような仕組みの作成に挑戦します。

5.3.1 専門知識に関する質問

RAGを改良する事例として、少し専門的な質問を投げかけてみることにしましょう。次のような質問をしてみます。カプコンのゲーム開発に関する質問です。

リスト5.9

```
response = ollama.chat(model='qwen2:7b',
    messages=[
        {'role': 'user',
        'content': 'カプコンのコンシューマゲーム開発の動向について教えてください。'},
    ])
print(response['message']['content'])
```

得られた出力は次のようなものでした。

実行結果

カプコンは、おもにアーケードゲームからホームコンピュータ・コンソール向けにパブリッシュしているゲーム制作会社です。次のような新しいゲームとプロジェクトを開発しています：
1. **Monster Hunter Rise**: 2022年3月26日 にNintendo Switch向けにリリースされました。このタイトルは、モンスターハンターシリーズの最新作で、新たなモンスター「レックライム」を含む新要素が追

加されています。

2. **Resident Evil Village**: 2021年5月7日にPlayStation 4,
PlayStation 5, Xbox One, Xbox Series X/SとPC（Steam）向け
にリリースされました。このタイトルは「村人」ことヴァンダールの視点か
らプレイするという新アプローチで、ゾンビやほかの恐怖体を対象とした
新たなストーリーが展開されています。

3. **街頭ファイター5**: このタイトルは2017年にリリースされ
ましたが、カプコンは継続的に新しいコンテンツとパッチを提供してい
ます。街頭ファイターはシリーズの最新作で、オンライン対戦やストー
リーモードが含まれています。

4. **Devil May Cry 5 Special Edition**: このタイトルは
2021年にリリースされ、PS5, Xbox Series X/SとPC向けに提供され
ました。このエディションには、キャラクターの「ダン」が新規追加された
ストーリー「イノセンス・デルタ」と、新たなゲームモードが含まれていま
す。

カプコンはこれらのタイトルを皮切りに、新しいゲーム開発に積極的に取
り組んでいます。また、オンライン体験やVRの可能性も視野に入れて新
ゲームを開発しています。最新の情報については、公式ウェブサイトをご
確認ください。

「街頭ファイター」は「ストリートファイター」のことでしょうか。これは
ちょっと、いただけません。

5.3.2 専門知識の追加

カプコンのゲーム開発についての質問なので、参考資料としてカプコン
の決算短信をダウンロードし、それを参照させるようにしたら、少しはマ
シなRAGになるのではないでしょうか。

まず、当該データを取得します。2025年第2期の決算書類[18]です。こ
れを使います。

> **MEMO**
> [18] 本書刊行後にここで
> 紹介しているURLでは書
> 類が取得できなくなる可能
> 性があります。そのときは
> 類似の書類で試してみてく
> ださい。

リスト5.10 決算書類のダウンロード

```
!wget https://www.capcom.co.jp/ir/data/pdf/result/2025/2nd/result_2025_2nd_01.
pdf
```

PDFの書類に、Pythonからアクセスするためのライブラリもイン

ポートしておきましょう。PDFへアクセスするためのライブラリとしては
PyMuPDFを利用します。

リスト5.11

```
!pip install PyMuPDF
```

次に読み込んだPDFデータをベクトル化して、データベースに保存します。

リスト5.12 ベクトル化したデータの保存

```
from langchain_community.vectorstores.chroma import Chroma
from langchain_huggingface import HuggingFaceEmbeddings
from langchain_community.document_loaders import PyMuPDFLoader
from langchain_text_splitters import RecursiveCharacterTextSplitter

# PDF読み込み
loader = PyMuPDFLoader('result_2025_2nd_01.pdf')
documents = loader.load()

# Chunk化
text_splitter = RecursiveCharacterTextSplitter(
    chunk_size=256,
    chunk_overlap=0,
)
chunks = text_splitter.split_documents(documents)

# ベクトル化を行うSentence-BERTモデルのロード
embeddings_model = HuggingFaceEmbeddings(
    model_name='intfloat/multilingual-e5-base',
    model_kwargs={'device': 'cuda:0'}
)

# データベース化して保存
vectorstore = Chroma.from_documents(
    documents=chunks,
    embedding=embeddings_model,
    collection_name='Sentence-BERT',
    persist_directory='sbert_db'
)
```

PyMuPDFLoaderを利用してPDFを読み込み、RecursiveCharacter TextSplitterで文章をチャンク化します。チャンクとは、細かく刻まれた文章の単位です。今回はトークンのサイズが256、隣接するチャンクごとの重複は0です。前後いくばくかの重複を許すような設定でもかまいません。そのような場合はchunk_overlap属性で重なりの数を指定できます。

　ベクトル化はSentence-BERTモデルを用います。具体的には'intfloat/multilingual-e5-base'という名前のモデルです。このSentence-BERTモデルは、**文章の類似度を出力するようなBERTのモデル**です。学習時にはそれぞれの文章から作成されるベクトルの平均[19]をとり、文章が似ているかどうかを学習します。そして使用時には同様に文書から得られるベクトルのコサイン類似度を計算し、その類似度を出力します（図5.9）。

　なお、ここで、GPUを使う設定として'cuda:0'を指定していることにも注意しておきましょう。

MEMO
[19] poolingレイヤーがその役割を果たします。

図5.9 Sentence-BERTモデル

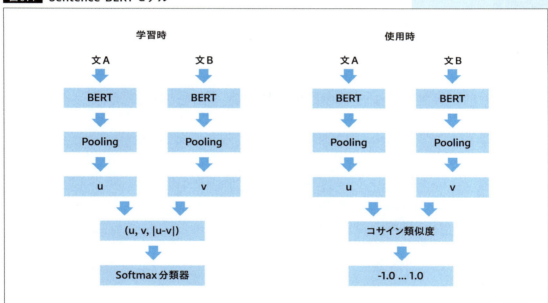

　最後に、ベクトル化されたデータをChromaデータベースに格納します。このコードを実行すると、ストレージにsbert_dbというディレクトリが作成され、関連するデータが格納されている状況がわかるでしょう（図5.10）[20]。

MEMO
[20] Chromaデータベースの内部では、SQLite3が使われているであろうということもわかります。

図5.10 Chroma データベース

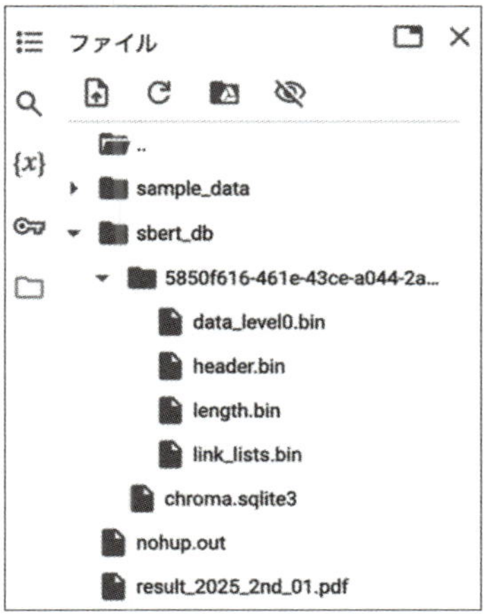

```
ファイル                      □  ×
🔍  📤  🔄  △  👁

📁  ..
  ▶ 📁 sample_data
  ▼ 📁 sbert_db
    ▼ 📁 5850f616-461e-43ce-a044-2a...
        📄 data_level0.bin
        📄 header.bin
        📄 length.bin
        📄 link_lists.bin
      📄 chroma.sqlite3
  📄 nohup.out
  📄 result_2025_2nd_01.pdf
```

5.3.3 RAGの完成

　カプコンのゲーム開発に関する知識がデータベースに追加されたので、それを使ってもう少しマシな回答を生成するようなスクリプトを作成します。

　コードは次のとおりです。

リスト5.13 RAGとして改良したプログラム

```python
from langchain_ollama import OllamaLLM
from langchain_core.prompts import ChatPromptTemplate
from langchain_core.runnables import RunnablePassthrough


llm = OllamaLLM(model='qwen2:7b')


message = """
以下のコンテキストを考慮して、質問に答えてください。
{question}


コンテキスト:
{context}
"""


prompt = ChatPromptTemplate.from_messages([('user', message)])
```

```
# コンテキストデータの上位3個を取ってくる
retriever = vectorstore.as_retriever(search_kwargs={'k': 3})

rag_chain = {'context': retriever,
             'question': RunnablePassthrough()} | prompt | llm

response = rag_chain.invoke('カプコンのコンシューマゲーム開発の動向について教えてください。')
print(response)
```

ollamaにアクセスするために、OllamaLLMというモジュールを使用します。LLMのモデルは、先ほどと同様にQwen2の7Bモデルを使います。

プロンプトを作成するためにChatPromptTemplateのfrom_messages()メソッドを利用します。メッセージのテンプレートは、先ほどとほぼ同様です。ロールは'user'を指定します。

変数vectorstoreには、先ほど作成しておいたベクトルデータベースにアクセスするオブジェクトへの参照が入っています。vectorstoreのas_retrieverメソッドで、コンテキストに合うデータの上位3個を取ってきます。

それをコンテキストに設定し、質問にはRunnablePassthroughを指定します。このRunnablePassthroughオブジェクトは、invoke時の引数をそのまま指定するというものです。したがって、今回の例では、次のinvokeメソッドの引数で与えている「カプコンのコンシューマゲーム開発の動向について教えてください」という質問がセットされることになります。

rag_chainの表記がまさにRAGの真骨頂となるでしょう。すなわち、コンテキストに合わせて質問を設定し、それをプロンプトに与えてLLMに回答を求めるというものです。この「|」でつないだ表記[21]は、Unixのパイプのイメージと考えればよいでしょう。左から右にデータがわたされていくイメージです。

LangChainでは、この書き方による表現を「LangChain Expression Language) (LCEL)」と呼んでいます。

MEMO

21 Pythonの文法的には、それぞれを論理和として評価するコードです。

5.3.4 実行結果

　カプコンの決算短信情報を追加のデータとして与え、RAGとして性能を向上させるべく改良したものの性能はいかなるものでしょうか。さっそく、カプコンのコンシューマゲーム開発の動向について尋ねてみます[22]。

MEMO

22　スクリプトを実行します。

実行結果

カプコンのコンシューマゲーム開発の動向については、以下の情報が示されています。
1．カプコンは資本への投資を継続しています。このため、アニメーション制作強みを持つ3DCG制作会社を子会社化するなどの措置をとっていることが明らかです。これは開発力・技術力を引き上げることを目指していると考えられます。
2．過去の新作タイトルの製作により、売上高は109億91百万円（前年同期比19.9％増）となりました。また、営業利益は16億67百万円（前年同期比47.8％増）となっています。
3．アミューズメント機器事業においても良好な成績を上げています。スマートパチスロの結果により、市場が堅調に推移している状況下で「ストリートファイターV 挑戦者の道」の新機種販売が行われました。
以上の情報から、カプコンは新たな技術やビジネス領域への投資を通じてゲーム開発能力を強化し、新しいタイトルを生み出すことで売上高と営業利益を向上させています。また、アミューズメント機器事業においても順調な展開が見られています。

　いかがでしょうか。「街頭ファイター」などという謎のキーワードが含まれていた最初のコードと比べてみましょう。ずいぶんマシな回答が生成されるようになりました。「ストリートファイターV 挑戦者の道」というタイトルの商品も実際にあるようですね。ベクトルデータベースに情報を追加したことで、適切な回答が生成されるようになったことを確認してみてください。

人間のテキスト処理とタイポグリセミア

　生成AIによる文章の作成も興味深いテーマではありますが、人間の文章読解能力の解明もまた、興味がそそられるところです。皆さんはタイポグリセミアと呼ばれる現象をご存じですか？

　タイポグリセミアとは、単語の頭とお尻が揃っていれば、途中の文字を入れ替えてもきちんと読むことができるという現象のことです。たとえば、次の文は読めるでしょうか？

　　みさなん　こにんちは　こんのぶうしょは　タポイグセリミアと　よばれる　げしょうの　デモスントーレションを　しめしてまいす

　「皆さんこんにちは。この文章は、タイポグリセミアと呼ばれる現象のデモンストレーションを示しています」と書かれています。読めましたか？

　このように混濁した文章でも、人間は読めてしまうのはとても面白い現象です。では実際にはどのくらいまで文字を入れ替えてもきちんと読めるようになるのでしょうか。

　それを検証するために、「タイポグリセミア度」という指標を定義します。単語の頭とお尻はいじってはいけないので、それ以外の文字で入れ替えても可能な文字の個数を考え、そのうちのいくつの文字を入れ替えたかを数えることで、タイポグリセミア文章の混濁度合いを考えようというものです（飯尾、2024年）。

　そのような指標を考えて、さらに、読解にどのくらいの時間がかかるかを実験で調べてみました。すると、次の図ような結果が得られました。たしかにタイポグリセミア度が大きくなると読解に時間がかかるようになるのですが、読める人はおかまいなしに読めてしまうようです。なぜそのような状況が生じるのか、考えてみるのも面白そうです。

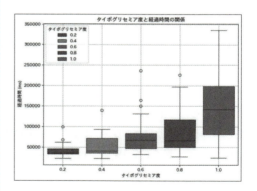

ChatGPT がいくら進化しようとも

COLUMN

CHAPTER 5 LLM を活用した言語生成 AI

ChatGPTで知的生産の方法が大きく変わる、ホワイトカラーの職が数多く奪われる、はたまた、いまのバージョンはまだ精度が悪いけれど、どんどん改良されて人間と同等になる、など、生成AIに関するさまざまな意見が交わされています。しかし、なにが正しくてなにが正しくないかを判断する主体が人間である以上、見た目の精度は多少上がったとしても、越えられない壁があるのではないでしょうか。

人間の営みが人間主体で行われる以上、ChatGPTが置き換えられる作業は限定的でしょう。以前、ラジオで「ChatGPTは医師を置き換える可能性はあるが看護師は置き換えられない。身体性に欠けているからです」というコメントが報じられていましたが、そういうことではありません。

次の例を考えればわかりやすいでしょう。

たとえば、大学での教育で考えてみます。知識伝達型、講義形式の授業はChatGPTで不要になるというような意見も聞こえるようですが、本当にそうでしょうか。

極論をいうと、知識伝達型、講義形式の授業がChatGPTで不要になるならば、ChatGPT以前に不要になっているはずなのです。すなわち、学生は自分で教科書を読んで勉強し、自分ひとりで学習すればよい。学習者としてそれができるならば……ですけれど。

従前から、教室に集まり講義が行われて

いるのは、自律的に学習を一人で進めることのできる学生はさほどいないからなのです。もちろん、自律的な学習者は皆無ではありません。そのような学生もいるにはいるでしょう。しかし、多くの学生にとって、教室、講義、教員、演習といった各種の学習支援装置が必要だからこそ、大学での教育が成立しているのです。

そう考えると、おそらく大学教員がAIを脅威に感じなければならないタイミングは、ChatGPTの高度化などではなく、「ママジン」（業田、2022年）が実現されたときではないでしょうか。ママジンは感情を持つ、というか、設定では感情を持っているように高度に振る舞うことができるようです。人間の感情、ときには理不尽かつ非合理な様相を見せるその「感情というもの」を、それっぽく見せられるようになったときに、いよいよ引導を渡されるのではと想像します。

大学での教育に限らず、知的生産の職場でも同様の議論が可能でしょう。もちろん、それゆえにChatGPTを否定しているのではありません。ChatGPTをうまく活用する方法はいくらでもあるでしょう。そのようにAIをうまく活用できる人が、今後は活躍していくようになるのかもしれません。そのためには、やはり技術や情報を鵜呑みにするのではなく、批判的に考えること、クリティカルシンキングがますます重要になるのです。

CHAPTER5 のまとめ

本章では、自然言語処理に関するAIの応用例として、以下のことを学びました。

- ☐ ハルシネーションをできるだけ避けるための仕組みとしてRAGと呼ばれるアーキテクチャが注目されていることを理解しました。また、RAGを簡単に実現するためのいくつかのフレームワークを学びました。
- ☐ 実際にRAGの仕組みを作るために必要な手順を理解し、簡単な生成AIのモデル利用の手順を学びました。
- ☐ 単純な生成AIのモデルだけではハルシネーションの課題を解決できないことを確認したうえで、知識ベースと組み合わせてRAGを構成し、実用的なQ&Aシステムを構築できることを学びました。

本章で紹介したOllamaを用いれば、最先端のLLMモデルを手元で試せます。学習のコストを個人で負担するのは難しくても、既存の学習済みモデルを利用すればある程度はそれっぽい生成AIのシステムを実現できます。それらを用いれば、自然言語処理を用いたAIの応用システムを作れます。

さらに、LangChainを用いてRAGのシステムを構築すれば、特定のドメイン知識を用いて応答の精度を高めることも可能です。LLMはあくまで確率的に返答を生成しているという点さえ留意しておけば問題はありません。これらのフレームワークを用いて現実的なAI応用サービスを簡単に実現できるようになるでしょう。

CHAPTER

6

さまざまなライブラリ

前章までは、AIの基本、AIプログラミングのフレームワークを理解することを目的として、汎用的なAIフレームワークを紹介しました。そのようなフレームワークを活用して、スクラッチでAIのプログラミングを実現できるようになるのも重要ですが、特定用途に特化したライブラリを活用すると、より少ない工程でやりたいことを実現できます。

本章では、いくつかのライブラリを取り上げ、AIを活用したさまざまな処理を実現する手順を紹介しましょう。

SECTION
01

MediaPipeを用いた顔認識

画像認識の事例は、前章まででも何度かテーマとして扱いました。本節では、Googleが提案しているMediaPipeの顔検出機能を用いて、ちょっとしたお遊びのプログラム作成に挑戦します。MediaPipeの物体検出や顔認識、骨格認識などは、かなり強力かつ正確なリアルタイム認識を提供します。さらにプログラミングも比較的容易で、使い方を覚えておくといろいろ有用なアプリケーションを実現できるでしょう。

6.1.1 MediaPipeとは

　MediaPipeはGoogleが提供している機械学習のフレームワーク（Lugaresi et al.、2019年）で、顔検出だけでなく、物体検出（Object Detection）、画像分類（Image Classification）、画像領域分割（Image Segmentation）、ジェスチャー認識（Gesture Recognition）、顔、手、骨格それぞれのランドマーク検出（Landmark Detection）など[1]、動画からさまざまなオブジェクトを認識したり、動画そのものに手を加えたりする機能を簡単に使えるようになるものです（図6.1）。

　さらに、コンピュータビジョンだけでなく、テキスト処理や音声の処理など、各種のメディアをAIで処理できるようにするライブラリです。

　なお、前章まではColabの環境でいろいろと試してきていましたが、本章で紹介するプログラムは、カメラデバイスを直接利用したり、画像をリアルタイムに表示させるなど、手元のリソースにアクセスしたりするため、基本的にはローカルにPython実行環境を作っていることを想定して解説しています。その点は気をつけてください。

　MediaPipeの各種の機能にアクセスするためには、Pythonだけでなく、ほかの言語に対するバインディング[2]も多数用意されています。さらには、Webのインタフェースで体験できるデモンストレーションもひと通り揃っています。とにかく、MediaPipeのWebサイトにアクセスして、どんなことができるのか、確かめてみるとよいでしょう。

　いくつかのデモを試してみます。まずは物体検出（オブジェクト検出）です（図6.2）。

> **MEMO**
> **1** ほかにもまだ面白い機能がいろいろと提供されています。

> **MEMO**
> **2** ほかの言語からMediaPipeの機能にアクセスするためのAPIを言語上に用意することを「言語バインディング」といいます。

図6.1 MediaPipeでできること

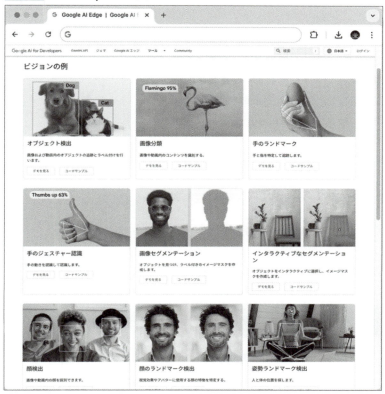

https://ai.google.dev/edge/mediapipe/solutions/examples?hl=ja

図6.2 MediaPipeによる物体検出

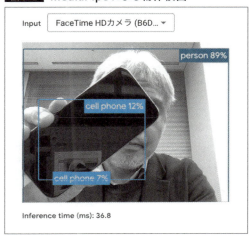

　カメラにスマートフォンをかざしてみたところです。背景にいる私自身が

「person」として検出されており、その前に「cell phone」が検出されている様子がわかります。

　続いて、手のランドマーク検出と、それを応用したジェスチャー認識（ハンドサイン認識）です（図6.3）。手のランドマーク検出では、それぞれの指の関節の位置がほぼ正確に認識されています。それらの位置を空間的に正しく把握できれば、それを応用して**ハンドサインを識別することは造作もない**でしょう。図6.3右の例では、サムアップ（Thumb Up）の状態が適切に識別されています。

図6.3 手のランドマーク検出（左）とジェスチャー認識（右）

6.1.2 顔認識の準備

　カメラからのデータや画像データを対象として物体認識をするためには、そのための基本的なライブラリを用意しなければなりません。業界標準といえるコンピュータビジョンのライブラリに、インテルが開発したOpenCVがあります[3]（永田・豊沢、2021年）。

　OpenCVのインストールは簡単です。pipコマンドを用いて、pythonからOpenCVを使えるようにしておきましょう。opencv-python はOpenCV本体（OpenCVの標準ライブラリ）、opencv-contrib-python は標準ライブラリに含まれないさまざまなアルゴリズムを使えるようにするものです。せっかくなので、どちらもインストールしておきましょう。

> **MEMO**
> [3] 2000年ごろに、まだOpenCVがα版で規模もたいして大きくなかったころ、私もほぼ同様のライブラリを作成していました。しかし、その後の発展は大きく水をあけられ、かたや業界標準、こなた忘れ去られた作品に……。とても残念ですが、資金力に負けてしまいました。

リスト6.1

```
pip install opencv-python
pip install opencv-contrib-python
```

エラーがなければOpenCVはきちんと導入できたはずですが、動作
チェックとして次のコマンドでOpenCVのバージョンを確認してみましょう。
私の環境では4.8.1と出てきました。

リスト6.2

```
python -c "import cv2; print(cv2.__version__)"
```

続いてMediaPipeをインストール[4]します。MediaPipeのインストール
も簡単です。pipコマンドで次のようにインストールしてください。

> **MEMO**
>
> **4** Pythonとのバージョン不整合でMediaPipeが入らない場合があります。その際にはPythonをダウングレードしてみましょう。

リスト6.3

```
pip install mediapipe
```

6.1.3 MediaPipeで遊んでみよう

先に述べたように、MediaPipeではいろいろなことができます。今回は
顔のランドマーク検出（Face Landmark Detection）を使ってみます。
次のコードは、MediaPipeを用いた最も単純な顔ランドマーク検出のプ
ログラムです。Perry Xiao (2022) のExample 6.23から引用しました[5]。

> **MEMO**
>
> **5** ただし、コメントのいくつかを削除、修正したうえ、そのままでは正しく動作しなかったので、シンタックスエラーとなった部分を訂正しました。

リスト6.4 **facemesh.py（顔ランドマーク検出）**

```
import cv2
import mediapipe as mp
mp_drawing = mp.solutions.drawing_utils
mp_face_mesh = mp.solutions.face_mesh

# フェイスメッシュオブジェクト等の用意
face_mesh = mp_face_mesh.FaceMesh(min_detection_confidence=0.5,
                                  min_tracking_confidence=0.5)
```

```python
drawing_spec = mp_drawing.DrawingSpec(thickness=1, circle_radius=1)

# ビデオキャプチャ用オブジェクトの用意
cap = cv2.VideoCapture(0)

while True:
    success, image = cap.read()
    if not success:
        print('空のフレームは無視する')
        continue

        # 画像を反転し，顔検出処理を行う
        image = cv2.cvtColor(cv2.flip(image, 1), cv2.COLOR_BGR2RGB)
        image.flags.writeable = False
        results = face_mesh.process(image)

        # 画像のフォーマットを変換し，書き込み可にした上で顔メッシュ処理を行う
        image.flags.writeable = True
        image = cv2.cvtColor(image, cv2.COLOR_RGB2BGR)

        # 顔が（複数）存在する場合
        if results.multi_face_landmarks:
            for face_landmarks in results.multi_face_landmarks:
                mp_drawing.draw_landmarks(
                        image=image,
                        landmark_list=face_landmarks,
                        connections=mp_face_mesh.FACEMESH_TESSELATION,
                        landmark_drawing_spec=drawing_spec,
                        connection_drawing_spec=drawing_spec)

        # 画像を表示する
        cv2.imshow('MediaPipe FaceMesh', image)

        # キーが押されたら無限ループ終了
        if cv2.waitKey(5) & 0xFF == 27:
            break

# 後処理
face_mesh.close()
cap.release()
```

204 | SECTION 01 | MediaPipeを用いた顔認識

プログラムは次の手順で動作させます。このプログラムをfacemesh.pyというファイル名[6]で保存し、次のコマンドで動作させましょう[7]。

> リスト6.5

```
python facemesh.py
```

このプログラムを動作させると、コンピュータに接続されたカメラ[8]から画像を取得し、リアルタイムに顔ランドマーク検出が行われます。その結果が、メッシュとして顔画像の上に描画されます。

図6.4は動画表示ウィンドウのスクリーンショットです。リアルタイムに検出された顔ランドマークの情報が描画されます。なかなか性能がよいので驚くかもしれません。いやはや、すごい時代になったものです。

図6.4 MediaPipeによるリアルタイム顔ランドマーク検出

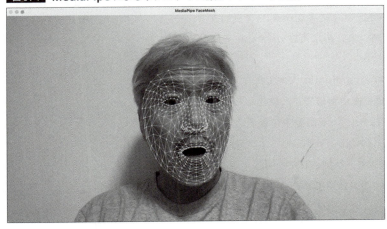

それでは、提示したプログラムを説明しましょう（リスト6.4）。

まず、OpenCVとMediaPipeを使うために冒頭でインポートしています。その後は顔メッシュ（face mesh）を使うための設定が続きます。

cv2のVideoCapture()メソッドは、カメラから画像をキャプチャするためのオブジェクトを生成します。引数はカメラ番号です。通常は0番でよいはずですが、複数カメラがあるような環境では1だったり2だったりします。何人かに試してもらったところ、MacBookとiPhoneを使っていた何人かは、自動的にシンクロしたiPhoneのカメラが0番のカメラとして認識されるといった珍事が起きました。彼らの環境では0番ではなく1番を指

> MEMO
>
> [6] ファイル名は好きな名前をつけてかまいません。

> MEMO
>
> [7] Unix系のプラットフォームで実行しているのであれば、プログラムを記述したファイルに実行属性を与え、1行目に#!/usr/bin/env pythonなどのシバン（shbang）を記述したうえで、そのファイルを直接実行する方法でもOKです。

> MEMO
>
> [8] 当然ながら、入力源となるカメラが必要です。カメラの付いているコンピュータで試してください。

定すると、MacBookのディスプレイ上部にあるカメラが指定され、うまく
試せました。

　次のwhileループがプログラムの中心部分です。while True:なので、
無限ループします。read()メソッドで画像をキャプチャし、その後に検出
処理をします。それを延々と続けます。whileループの最後で、キー入力
をポーリングするタイミングがあります。その結果と0xFFの論理和を取っ
たものと27を比較しており、Trueであればbreakします。すなわち、27
はエスケープキーのコードなので、ループを抜けるためにはエスケープ
キーを押せばよいということもわかります。

　さて、検出処理を行う際に、**画像フォーマットの変換が必要**です。
OpenCVでは画像フォーマットとしてBGR形式[9]を用いるため、RGB形式
に変換してやらねばなりません。このとき、flip()メソッドを使って鏡像を
反転する処理も加えています。また、検出処理をする際にwriteableフラ
グをFalseにセットすることにより、書き込みできないようにプロテクトし
ています。

　検出処理はprocess()メソッドで行い、結果をresultsで受けます。そ
の後、メッシュを書き込む処理を加えるために再びwriteableをTrueにし、
RGB形式をBGR形式に戻します。

　結果の判定を results.multi_face_landmarks で判定していることから
わかるように、画像中の複数の顔を検出可能です。検出した複数の顔を
1つずつ取り出し、for文で回して顔メッシュを画像中に書き込んでいます。
書き込む処理はdraw_landmarks()メソッドです。

　先ほど述べたように、エスケープキーが押されたら無限ループを終了し
ます。その後、後処理をしてプログラムは終了です。

> **MEMO**
>
> **9** コンピュータによる画像データの扱いでは、多くの場合、R（赤）G（緑）B（青）の順番で光の3原色を並べますが、OpenCVではなぜかBGR形式が用いられています。

6.1.4 顔ハメ・ゲーム

　それではこのライブラリを活用して、顔ハメのお遊びアプリを作ってみ
ましょう。

　皆さんは、観光地などに設置してある「顔ハメ」パネル[10]で遊んだこと
はありませんか？ **図6.5** のようなもので、穴から顔を出して写真撮影する
ような仕掛けです。

> **MEMO**
>
> **10** 英語では face in the hole（穴の中に顔）というそうです。そのままですね。

206　SECTION 01 | MediaPipeを用いた顔認識

図6.5 「顔ハメ」パネル

　これを、バーチャルでできないか？というアイデアです。**顔ハメ部分で顔検出できればOK**という、いたってシンプルな考え方ですね。顔ハメ部分を透明にした画像をカメラから取得した画像に重ね合わせ、その画像に対して顔検出処理を加えます。一定時間、顔を検出し続ければよしとして、次の画像に替えるというアプリケーションにしてみましょう。

　次のプログラムが顔ハメ・ゲームのコードです。わずか100行程度のプログラムで、「バーチャル顔ハメ」が実現できています。

リスト6.6 **kaohame.py（バーチャル顔ハメのプログラム）**

```
import cv2
import numpy as np
from PIL import Image, ImageDraw
import mediapipe as mp

# 縦のサイズに合わせて画像をリサイズする
def scaleToHeight(img, height):
    h, w = img.shape[:2]
    width = round(w * (height / h))
    dst = cv2.resize(img, dsize=(width, height))
    return dst

# RGBA形式に動画を変換する
def convertToRGBA(src, type):
    return Image.fromarray(cv2.cvtColor(src, type)).convert('RGBA')

# 外側の画像をトリミングする
def trimOutside(base, over, loc):
```

207

```python
        drw = ImageDraw.Draw(base)
        drw.rectangle([(0, 0), (loc[0]-1, over.size[1]-1)], fill=(0, 0, 0))
        drw.rectangle([(loc[0]+over.size[0], 0),
                        (base.size[0]-1,over.size[1]-1)], fill=(0, 0, 0))


# 画像のオーバーレイ処理を行う
def overlayImage(src, overlay, location):
    # 画像をPILフォーマットに変換する
    pil_src     = convertToRGBA(src,     cv2.COLOR_BGR2RGB)
    pil_overlay = convertToRGBA(overlay, cv2.COLOR_BGRA2RGBA)
    # 2つのイメージを重ねる
    pil_tmp = Image.new('RGBA', pil_src.size, (0, 0, 0, 0))
    pil_tmp.paste(pil_overlay, location, pil_overlay)
    trimOutside(pil_tmp, pil_overlay, location)
    result_image = Image.alpha_composite(pil_src, pil_tmp)
    # 画像をOpenCVフォーマットに戻したものを返す
    return cv2.cvtColor(np.asarray(result_image), cv2.COLOR_RGBA2BGRA)


# タイマーを減算する
def decrementTimer(timer, image, p_idx):
    h, w = image.shape[:2]
    if timer < 0:
        # タイマーが0を下回ったら写真の番号を更新し、
        # タイマーをリセットする
        p_idx = (p_idx + 1) % len(panels)
        return TIMER_INITIAL_VALUE, p_idx
    elif timer == 30:
        # タイマーが30になったとき、フラッシュ処理を演出
        global still
        still = image
        cv2.rectangle(image, (0, 0), (w, h), (255,255,255), thickness=-1)
        return timer - 1, p_idx
    elif timer < 30:
        # 余韻の部分
        image = still
        return timer - 1, p_idx

    # 色を調整して数値を画像の中心に表示する
    d, r = timer // 30, timer % 30
    c = 255 / 60 * r + 128
    cv2.putText(image, org=(int(w/2-100), int(h/2+100)),
```

```python
                    text=str(d), fontFace=cv2.FONT_HERSHEY_DUPLEX,
                    fontScale=10.0, color=(c, c, c), thickness=30,
                    lineType=cv2.LINE_AA)
    return timer - 1, p_idx


# 顔ハメパネルのデータを準備
panels = []
panels.append(cv2.imread('image1.png', cv2.IMREAD_UNCHANGED))
panels.append(cv2.imread('image2.png', cv2.IMREAD_UNCHANGED))
panels.append(cv2.imread('image3.png', cv2.IMREAD_UNCHANGED))


# 最初の画像1枚をキャプチャする
cap = cv2.VideoCapture(0)
ret, frame = cap.read()


# キャプチャした画像に合わせて顔ハメパネルのデータをリサイズする
height, width = frame.shape[:2]
for i in range(len(panels)):
    panels[i] = scaleToHeight(panels[i], height)
p_idx = 0
panel = panels[p_idx]
p_height, p_width = panel.shape[:2]


# カウントダウンタイマー
TIMER_INITIAL_VALUE = 119
timer = TIMER_INITIAL_VALUE


with mp.solutions.face_mesh.FaceMesh(max_num_faces=1,
        refine_landmarks=True, min_detection_confidence=0.5,
        min_tracking_confidence=0.5) as face_mesh:

    # キャプチャデバイスが開いている間、ループする
    while cap.isOpened():
        success, image = cap.read()
        if not success:
            print('空のフレームは無視する')
            continue

        # キャプチャした画像を反転し顔ハメパネルを重ねる
        image = cv2.flip(image, 1)
        location = ((width-p_width)//2, 0)
```

```python
    image = overlayImage(image, panel, location)
    image2 = cv2.cvtColor(image, cv2.COLOR_BGR2RGB)

    # 重ねたものに対して顔ランドマーク検出を行う
    results = face_mesh.process(image2)

    # （ホール部分から）顔を判定できたらタイマーを減らす
    if results.multi_face_landmarks != None:
        timer, p_idx = decrementTimer(timer, image, p_idx)
        panel = panels[p_idx]
        p_height, p_width = panel.shape[:2]
    else:
        timer = TIMER_INITIAL_VALUE  # タイマーをリセットする

    # 画像をトリミングする
    image = image[0:p_height, location[0]:location[0]+p_width]
    cv2.imshow('Virtual Face-in-Hole Cutout', image)

    if cv2.waitKey(1) & 0xFF == ord('q'):
        break

cap.release()
cv2.destroyAllWindows()
```

6.1.5 顔ハメ・プログラムの解説

　では順番にプログラムを解説していきましょう。コードを部分的に再掲
しながら見ていきます。

　まず、OpenCVやMediaPipeなどをインポートしています。一部
でNumPyの機能を使い、また画像を扱うので、PIL（Python Image
Library）からImageとImageDrawをインポートしています。

```python
import cv2
import numpy as np
from PIL import Image, ImageDraw
import mediapipe as mp
```

次にいくつか関数を定義しています。scaleToHeight()は、引数で指定する高さにリサイズした画像を返します。convertToRGBA()は、引数で元画像とデータ形式を示し、その画像データをアルファチャネル[11]を含むRGBA形式に変換します。

用語

[11] 透過度を示す値のことです。

```
# 縦のサイズに合わせて画像をリサイズする
def scaleToHeight(img, height):
    h, w = img.shape[:2]
    width = round(w * (height / h))
    dst = cv2.resize(img, dsize=(width, height))
    return dst

# RGBA形式に動画を変換する
def convertToRGBA(src, type):
    return Image.fromarray(cv2.cvtColor(src, type)).convert('RGBA')
```

trimOutside()関数は少し詳しい説明が必要でしょう。今回、カメラから取得できる画像（カメラ画像）と顔ハメ画像（マスク画像）の関係は、図6.6のように、カメラ画像のほうが横長のアスペクト比になっている状態を想定しています。そのため、この条件を満たさないマスク画像を用意すると、エラーになってしまうかもしれません。scaleToHeight()を用いて縦方向の長さは合わせるため、大きさを意識する必要はありません[12]が、アスペクト比だけご注意ください。

MEMO

[12] といっても、あまりに小さい画像だと解像度が不足してみすぼらしくなってしまうので、それなりのサイズの画像を使ったほうがよいでしょうね。

図6.6 画像のオーバーレイ

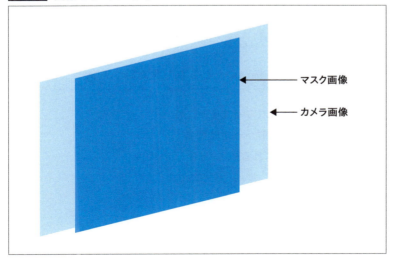

アスペクト比の異なる画像を重ね合わせるため、カメラ画像の両側がはみ出します。はみ出たところに顔が置かれると、顔ハメ以外の領域で顔検出してしまうかもしれません。それを防ぐために、trimOutside()では、両側にはみ出した部分を黒い長方形で塗りつぶしてしまう処理を加えています。

```python
# 外側の画像をトリミングする
def trimOutside(base, over, loc):
    drw = ImageDraw.Draw(base)
    drw.rectangle([(0, 0), (loc[0]-1, over.size[1]-1)], fill=(0, 0, 0))
    drw.rectangle([(loc[0]+over.size[0], 0),
                   (base.size[0]-1,over.size[1]-1)], fill=(0, 0, 0))
```

overlayImage()がカメラ画像とマスク画像の重ね合わせ処理をする関数です。RGBA形式の画像に変換したのち、新しくイメージを作り、そこに貼り付けます。先に説明したトリミング処理を加えたうえで、alpha_compsite()のメソッドで合成します。最後にOpenCVの形式に戻した画像を返します。

```python
# 画像のオーバーレイ処理を行う
def overlayImage(src, overlay, location):
    # 画像をPILフォーマットに変換する
    pil_src     = convertToRGBA(src,     cv2.COLOR_BGR2RGB)
    pil_overlay = convertToRGBA(overlay, cv2.COLOR_BGRA2RGBA)
    # 2つのイメージを重ねる
    pil_tmp = Image.new('RGBA', pil_src.size, (0, 0, 0, 0))
    pil_tmp.paste(pil_overlay, location, pil_overlay)
    trimOutside(pil_tmp, pil_overlay, location)
    result_image = Image.alpha_composite(pil_src, pil_tmp)
    # 画像をOpenCVフォーマットに戻したものを返す
    return cv2.cvtColor(np.asarray(result_image), cv2.COLOR_RGBA2BGRA)
```

decrementTimer()はタイマーを1カウントずつ減らしていきます。このゲームは、顔ハメに成功、すなわち顔が検出された状態が一定時間続くとOKというルールでした。そのため、この関数が呼ばれると、タイマーの値が減っていきます。それと同時に、「3」「2」「1」と、カウントダウンする数字を画像の中心部に大きなフォントで描きます。

タイマーの値がちょうど30になった時点で、画像全体を白で塗りつぶし、フラッシュがたかれた状態を演出しています。また、フォントの色も、カウ

ントダウンが進むと同時に変わっていくような演出を加えています。さらに、タイマーが0を割り込むと、画像番号を更新し、タイマーをリセットするような値を返します。

```python
# タイマーを減算する
def decrementTimer(timer, image, p_idx):
    h, w = image.shape[:2]
    if timer < 0:
        # タイマーが0を下回ったら写真の番号を更新し、
        # タイマーをリセットする
        p_idx = (p_idx + 1) % len(panels)
        return TIMER_INITIAL_VALUE, p_idx
    elif timer == 30:
        # タイマーが30になったとき、フラッシュ処理を演出
        global still
        still = image
        cv2.rectangle(image, (0, 0), (w, h), (255,255,255), thickness=-1)
        return timer - 1, p_idx
    elif timer < 30:
        # 余韻の部分
        image = still
        return timer - 1, p_idx

    # 色を調整して数値を画像の中心に表示する
    d, r = timer // 30, timer % 30
    c = 255 / 60 * r + 128
    cv2.putText(image, org=(int(w/2-100), int(h/2+100)),
                text=str(d), fontFace=cv2.FONT_HERSHEY_DUPLEX,
                fontScale=10.0, color=(c, c, c), thickness=30,
                lineType=cv2.LINE_AA)
    return timer - 1, p_idx
```

　以上が定義した関数の説明です。ここからは、プログラムの本体を説明します。

　変数panelsには、顔ハメ画像のリストが格納されます。今回は、**図6.7**に示すような顔ハメ画像を用意してみました。切り抜かれた部分は、フォトレタッチソフトを用いて透明化されています。皆さん自身の用意した画像で試してみるときには、透明に切り抜くことを忘れないようにしてください。なお、それぞれの画像データは、image1.png、image2.png、お

よびimage3.pngという画像ファイルとしてプログラムと同じディレクトリに
配置しています。

```
# 顔ハメパネルのデータを準備
panels = []
panels.append(cv2.imread('image1.png', cv2.IMREAD_UNCHANGED))
panels.append(cv2.imread('image2.png', cv2.IMREAD_UNCHANGED))
panels.append(cv2.imread('image3.png', cv2.IMREAD_UNCHANGED))
```

図6.7 用意した顔ハメ画像

リアルタイム動画処理の無限ループに入る前に、カメラから画像を1枚
だけ取得して、顔ハメ画像のサイズ調整を行っています。すべての画像を
リサイズしたら、顔ハメ画像のインデックス、p_idxを0にセットして動画
処理のスタートです。

```
# 最初の画像1枚をキャプチャする
cap = cv2.VideoCapture(0)
ret, frame = cap.read()

# キャプチャした画像に合わせて顔ハメパネルのデータをリサイズする
height, width = frame.shape[:2]
for i in range(len(panels)):
    panels[i] = scaleToHeight(panels[i], height)
p_idx = 0
panel = panels[p_idx]
```

```
p_height, p_width = panel.shape[:2]

# カウントダウンタイマー
TIMER_INITIAL_VALUE = 119
timer = TIMER_INITIAL_VALUE

with mp.solutions.face_mesh.FaceMesh(max_num_faces=1,
        refine_landmarks=True, min_detection_confidence=0.5,
        min_tracking_confidence=0.5) as face_mesh:
```

whileループ内での処理は、それほど複雑なことをやっているわけではありません。カメラから画像を取得し、反転したのちに位置決めをして顔ハメ画像を重ねます。重ねた画像を対象として、顔ランドマーク検出処理を行います。

```
# キャプチャデバイスが開いている間、ループする
while cap.isOpened():
    success, image = cap.read()
    if not success:
        print('空のフレームは無視する')
        continue

    # キャプチャした画像を反転し顔ハメパネルを重ねる
    image = cv2.flip(image, 1)
    location = ((width-p_width)//2, 0)
    image = overlayImage(image, panel, location)
    image2 = cv2.cvtColor(image, cv2.COLOR_BGR2RGB)

    # 重ねたものに対して顔ランドマーク検出を行う
    results = face_mesh.process(image2)
```

この「重ねた画像を対象として顔検出を行う」点が、まさにこの顔ハメゲームのポイントです。すなわち、顔ハメの穴から顔が覗いていなければ、顔は検出されません。うまく顔の位置を移動させ、顔ハメの穴に顔を合わせると、顔が検出されるのです（**図6.8**）。したがって、顔ハメ画像にほかの顔が写っていないことが求められます。顔ハメ画像を用意するときは、人間の顔が写っていない画像を用意してください。また、同じ位置に穴があると、画像が切り替わってすぐに検出が始まってしまうので、穴の位置はランダムになるような工夫も必要でしょう。

ループのなかで顔が検出され続ければ、タイマーが減っていきます。1回でも検出が外れると、タイマーはリセットされてしまいます。

```
# （ホール部分から）顔を判定できたらタイマーを減らす
if results.multi_face_landmarks != None:
    timer, p_idx = decrementTimer(timer, image, p_idx)
    panel = panels[p_idx]
    p_height, p_width = panel.shape[:2]
else:
    timer = TIMER_INITIAL_VALUE  # タイマーをリセットする
```

最後に、イメージのなかでトリミング処理が行われている部分を実際にカットし、ディスプレイに表示します。キーボードからの入力を少しだけ待って、次の繰り返しに移ります。

```
# 画像をトリミングする
image = image[0:p_height, location[0]:location[0]+p_width]
cv2.imshow('Virtual Face-in-Hole Cutout', image)

if cv2.waitKey(1) & 0xFF == ord('q'):
    break
```

図6.8　顔が検出された様子（タイマー「1」が表示されている）

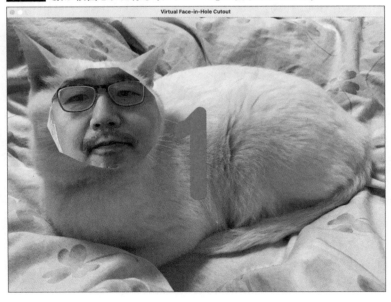

透明ディスプレイを用いたバーチャル顔ハメ

SFなどでよく見かける透明なディスプレイを見たことがありますか？ガラス板に情報が投影されるようなデバイスで、その見栄えのよさからSF映画ではしばしば登場する小道具です。正面から見てデバイス越しに操作者の顔が見えるので、映画としては都合のよいデバイスだからなのかもしれません。

筆者の勤める大学の1Fに、実験的な透明ディスプレイ装置が設置されています。大きさは100インチ程度の画像を表示できるディスプレイです。仕掛けとしては、映像をうまく表示できるようにするためのフィルムがガラス面に貼り付けられており、下に設置された短焦点型のプロジェクタで投影するというきわめてシンプルなものですが、それなりにうまく透明ディスプレイを実現できているのが面白いという装置です。

そのような装置を用いて、学生の1人が「バーチャル顔ハメ」を卒業研究のテーマとして取り上げました。バーチャル顔ハメとは、本書で解説した顔ハメアプリを拡張して、透明ディスプレイを利用した、よりエンタテイメント色の強いシステムのアイデアです（写真）。

透明ディスプレイに顔抜き画像を投影しているので、ちょうど顔をハメる部分だけが透明になります。大きさも、観光地にあるような実物の顔ハメパネルと同程度の大きさな

ので、まさに、あたかもそこに顔ハメパネルが存在しているような雰囲気を実現します。本書で紹介したアプリ同様、映し出す顔ハメ画像はいくらでも変えられるので、ちょっとしたゲームとしても楽しめるでしょう。

ただし、アイデアとしては簡単に実現できそうに見えて、実際に実装してみるといろいろな苦労があったようです。顔画像の取得方法が異なるので、本書で説明したアプリをそのまま適用することはできません。そのため、いくばくかの改造を施さなければなりませんでした。また、ガラス面に写された顔ハメの穴に顔を近づけても、環境光の影響でうまく顔を認識できないという問題も生じました。

そのような課題を一つひとつ潰して学祭で展示したところ、おおむね好評だったようです。利用者アンケートを取り、その結果を分析してシステムの妥当性を評価した結果は、卒論として無事に提出されました。

SECTION 02 YOLOを用いた物体認識

AIを用いて画像から物体を検出する処理としては、「You Only Look Once（YOLO）」[13]と呼ばれる処理が普及しています。YOLOはそのアルゴリズムの性質から、比較的簡単に導入でき、リアルタイムの処理に向いているという特長があります。

本節では、YOLOを用いて人間を検出して追跡するプログラムを作成してみます。

6.2.1 YOLOとは

YOLOは広く普及しているリアルタイム物体検出器です。現在は、**Ultralytics社がそのメンテナンスをしています**（図6.9）。このWebサイトにアクセスすると、YOLOに関するあらゆる情報にアクセスできるほか、オンライン物体認識のデモも提供されています。YOLOを使い始める前に、一度このサイトにアクセスしてデモを体験してみるとよいでしょう。

> **MEMO**
> [13] 英語の慣用句である「You Only Live Once（人生は一度きり）」のもじりですね。

図6.9 UltralyticsのWebサイト

https://www.ultralytics.com/ja

YOLOは2015年に最初のバージョンが発表されてから、継続的に改良が加えられ、原稿執筆時点の最新版はYOLOv11、バージョン11です（Glenn & Jing、2024年）。

ほかの機械学習のフレームワーク同様に、YOLOが使用するモデルを自

らの学習データセットを用いて学習させ、望むタスクに対して最適化された物体検出を実現することもできます。しかし、YOLOが優れている点として、**事前に学習済みのモデルで比較的優れた検出性能を示すこと**があげられます。

バージョンアップを繰り返し、YOLOにもさまざまな機能が追加されてきました。図6.10 に示す例は、yolo11n-seg.ptモデルを用いて物体検出とセグメンテーション処理を行った例です[14]。

図6.10 物体認識とセグメンテーションの結果

> **MEMO**
> [14] 画像はUltraLyticsが提供するサンプル画像を使用しています。

バスや人物が認識され、それらを取り囲むバウンディングボックスが描かれているだけでなく、画像中のバスや人物に相当する部分が区分されて、画像のセグメンテーションが実現されている様子を確認できるでしょう。

現在のYOLOでは、物体検出、セグメンテーションだけでなく、ポーズの推定や、物体のトラッキング、分類など、コンピュータビジョンとして応用できるさまざまな機能が実現されています。MediaPipeが提供するビジョン系の機能で実現できるものの多くはYOLOでも実現できる、と考えてもよいかもしれません。

6.2.2 まずは使ってみよう

YOLOの利用方法はとても簡単です。まずは、ライブラリをインストールしましょう。次のコマンドでultralyticsのコードをダウンロード、インストールします。

リスト6.7

```
pip install ultralytics
```

続いて、簡単な物体認識を行うサンプルプログラムを試してみます。次のコードを用意して、yolo.pyとして保存してください。プログラムはほぼ解説の必要はないのではないかというほど簡単です。YOLOのモデルをロードし、対象とする画像から物体を認識したうえで、結果を可視化して表示するという非常に単純なプログラムです。

リスト6.8 **yolo.py（簡単な物体認識のプログラム）**

```
from ultralytics import YOLO

# YOLOのモデルをロード
model = YOLO('yolo11n.pt')

# 対象とする画像から物体を認識する
results = model('sea.jpg')

# 結果の可視化
for result in results:
    result.show()
```

さらに、準備として認識対象を含む画像を同じディレクトリに用意しておきましょう。今回は、図6.11の写真を用意しました。写真のファイル名はsea.jpgです。若者たちが海辺で楽しそうにポーズをとっています。本当に楽しそうです。

220 SECTION 02 ｜ YOLOを用いた物体認識

図6.11 対象とする写真1(sea.jpg)

準備ができたらプログラムを動作させます。次のコマンドを実行します。

リスト6.9

```
python yolo.py
```

初めて実行したときには、すでに学習済みのモデル（pre-trained model）がネットワークからダウンロードされ、ローカルに格納されます。モデルのデータは「yolo11n.pt」というファイル名で保存されます[15]。

MEMO

[15] プログラムを実行したディレクトリに保存されます。lsコマンドなどで確認してみましょう。

実行結果

```
Downloading https://github.com/ultralytics/assets/releases/download/v8.3.0/yolo11n.pt to 'yolo11n.pt'...
100%|                                                        |
5.35M/5.35M [00:01<00:00, 3.90MB/s]

image 1/1 /Users/iiojun/sea.jpg: 480x640 2 persons, 58.3ms
Speed: 3.7ms preprocess, 58.3ms inference, 4.3ms postprocess per image at shape (1, 3, 480, 640)
```

実行ログには「2 persons」という出力を確認できます。最後の可視化のコードで出力された結果を 図6.12 に示します。2人の姿がきちんと認識されていました。左側の男性は確信度（confidence）0.83、右側の女性は確信度 0.92 と、高い確率で認識されていることがわかります。

図6.12　人間の認識結果

ほかのデータではどうでしょうか。この写真は割とスッキリしている写真で、物体認識に向いている「よい写真」です[16]。sea.jpg を 図6.13 に示す写真 table.jpg に入れ替えて、つまり、model('sea.jpg') を model('table.jpg') に入れ替えて実行してみます。どうなるでしょう？

結果は 図6.14 のようになりました。画面のほぼ全体をダイニングテーブル（dining table）として認識しています。さらに、0.95 という高い確信度で左側のワイングラス（wine glass）を認識していますね。奥にスープの入ったボウル（bowl）が、これもまた 0.89 といった高い確信度で認識されています。

右下の美味しそうなアミューズは認識されませんでした。**YOLOでは定義済みの物体しか認識できません**。あらかじめ学習させているプリトレインモデル（学習済みモデル）を使っている以上は、いたしかたないところです。

> **MEMO**
>
> [16] 物体が重なっている状態、いわゆるオクルージョンの問題もありません。詳しくは P.232 のコラムを参照してください。

図6.13 対象とする写真2（table.jpg）　　図6.14 物の認識結果

6.2.3 処理の結果

　YOLOを使うと、既存の学習済みモデルを使うだけでもそれなりの物体検出を実現できることがわかりました。実際に画面に認識結果を表示させ、検出できていることを確認しましたが、ほかのプログラムから結果を使いたいときはどうすればよいでしょうか？

　物体検出の本質的なコードは次の3行です。モデルを定義して、認識対象が含まれているデータを与えるだけです。

リスト6.10

```
from ultralytics import YOLO
model = YOLO('yolo11n.pt')
results = model('sea.jpg')
```

変数 results のなかに、いろいろと結果の情報が入っていそうですね。それらの情報を用いれば、プログラムから認識結果にアクセスできそうです。

ここから先は、Python インタプリタを用いて試してみます。Python インタプリタを起動して、先の 3 行を実行してください。次に results がなにかを調べてみましょう。

実行結果

```
>>> type(results)
<class 'list'>
>>> len(results)
1
```

results の型を調べてみたら、リストであると出てきました。その長さは 1 です。すなわち、sea.jpg の画像を対象として物体を検出した結果が 1 個だけ入っているリストということです。

ここで、勘のよい皆さんはお気づきかもしれません。前述の model は引数として、複数のデータも取り得るのです。試しに、以下のように sea.jpg と table.jpg をリストに並べて実行してみましょう。

リスト6.11

```
results = model(['sea.jpg', 'table.jpg'])
```

このようにすると、results は 2 個の結果を含むリストになります。それぞれ、sea.jpg と table.jpg を解析した結果が順番に格納されています。

さらに察しのよい方は、これってひょっとして動画でもいけるのでは？と考えたかもしれません。そのとおり、動画ファイルを引数に指定すると、その動画の各フレームを対象とした物体検出処理が行われます。手元に転がっていた thank.mp4 という 7 秒程度の短い動画で試してみたところ、210 枚のフレームを分析した 210 個の結果が得られました。

それでは、いよいよ results の中身に踏み込みます。再度、sea.jpg を対象に物体検出をしたときの結果がどうなるか、確かめてみます。実行したあとで、リストの最初の要素[17]の中身を表示させてみます[18]。

MEMO

17 といっても、要素が 1 つしかないので最後の要素でもあるわけですが……。

MEMO

18 Colab のセルの最後に変数を与えるとその中身を確認できるのと同様に、変数だけをインタプリタに与えると、その中身が表示されるので、変数のなかになにが入っているかがわかります。

実行結果

```
>>> results = model('sea.jpg')

image 1/1 /User/iiojun/sea.jpg: 480x640 2 persons, 59.3ms
Speed: 2.1ms preprocess, 59.3ms inference, 0.3ms postprocess per image at shape (1,
3, 480, 640)
>>> results[0]
ultralytics.engine.results.Results object with attributes:

boxes: ultralytics.engine.results.Boxes object
keypoints: None
masks: None
names: {0: 'person', 1: 'bicycle', 2: 'car', 3: 'motorcycle', 4: 'airplane',
5: 'bus', 6: 'train', 7: 'truck', 8: 'boat', 9: 'traffic light', 10: 'fire
hydrant', 11: 'stop sign', 12: 'parking meter', 13: 'bench', 14: 'bird',
15: 'cat', 16: 'dog', 17: 'horse', 18: 'sheep', 19: 'cow', 20: 'elephant',
21: 'bear', 22: 'zebra', 23: 'giraffe', 24: 'backpack', 25: 'umbrella',
26: 'handbag', 27: 'tie', 28: 'suitcase', 29: 'frisbee', 30: 'skis', 31:
'snowboard', 32: 'sports ball', 33: 'kite', 34: 'baseball bat', 35: 'baseball
glove', 36: 'skateboard', 37: 'surfboard', 38: 'tennis racket', 39: 'bottle',
40: 'wine glass', 41: 'cup', 42: 'fork', 43: 'knife', 44: 'spoon', 45: 'bowl',
46: 'banana', 47: 'apple', 48: 'sandwich', 49: 'orange', 50: 'broccoli', 51:
'carrot', 52: 'hot dog', 53: 'pizza', 54: 'donut', 55: 'cake', 56: 'chair', 57:
'couch', 58: 'potted plant', 59: 'bed', 60: 'dining table', 61: 'toilet', 62:
'tv', 63: 'laptop', 64: 'mouse', 65: 'remote', 66: 'keyboard', 67: 'cell phone',
68: 'microwave', 69: 'oven', 70: 'toaster', 71: 'sink', 72: 'refrigerator', 73:
'book', 74: 'clock', 75: 'vase', 76: 'scissors', 77: 'teddy bear', 78: 'hair
drier', 79: 'toothbrush'}
obb: None
orig_img: array([[[212, 193, 178],
        [212, 193, 178],
        [212, 193, 178],
        ...,
        [149, 128, 113],
        [148, 127, 112],
        [146, 125, 110]],

       [[213, 194, 179],
        [213, 194, 179],
        [213, 194, 179],
```

```
       ...,
      [149, 128, 113],
      [149, 128, 113],
      [147, 126, 111]],

     [[214, 195, 180],
      [214, 195, 180],
      [213, 194, 179],
       ...,
      [150, 129, 114],
      [150, 128, 116],
      [147, 125, 113]],

      ...,

     [[153, 169, 181],
      [151, 167, 179],
      [149, 165, 177],
       ...,
      [173, 186, 194],
      [174, 187, 195],
      [174, 187, 195]],

     [[146, 161, 170],
      [144, 159, 168],
      [143, 158, 167],
       ...,
      [168, 181, 189],
      [166, 179, 187],
      [166, 179, 187]],

     [[143, 158, 167],
      [141, 156, 165],
      [139, 154, 163],
       ...,
      [162, 175, 183],
      [159, 172, 180],
      [160, 173, 181]]], dtype=uint8)
orig_shape: (4284, 5712)
path: '/User/iiojun/sea.jpg'
```

```
probs: None
save_dir: '/Users/iiojun/.anyenv/envs/pyenv/runs/detect/predict'
speed: {'preprocess': 2.6869773864746094, 'inference': 54.937124252319336,
'postprocess': 0.7457733154296875}
```

このような内容が出てきました。順番に確かめていきましょう。

まず、最初の行から、ultralytics.engine.results.Results型のオブジェクトであることがわかります。次に、boxesには物体検出をしたバウンディングボックスの情報が入っています。これについてはのちほど、もう少し詳細に確認していきましょう。

keypointsとmasksは、今回は空です。これらはほかの手法を使ったときに情報が格納されます。keypointsはポーズ推定で使用します。そのとき、ultralytics.engine.results.Keypointsのオブジェクトが格納されます。masksは、冒頭で紹介した領域セグメンテーションを実施した際に、ultralytics.engine.results.Masksのオブジェクトが格納され、セグメンテーション結果の領域情報がここに格納されます。

namesは検出できる物体の一覧です。person、bycicle、carなどから始まり、hair drier、toothbrushで終わっています。学習済みのモデルでどのような物体を検出できるか、ここを眺めているだけでも楽しくなってきませんか?

obbも今回は空です。OBBとはOriented Bounding Boxのことで、yolo11n-obbなどのモデルを用いれば、斜めの向きでもよいバウンディングボックスを使用できます。通常は、検出対象のバウンディングボックスとして縦横に正立した長方形が使用されます。しかし、斜めのバウンディングボックスを許すモデルを使用すれば、より精緻な物体検出が可能になります。

orig_imgとorig_shapeは説明するまでもないでしょう。物体検出の対象としたオリジナルの画像データと、その形(縦横のピクセル数)です。さらに、pathはそのファイルへのパスが与えられています。

probsは物体の識別、分類のタスクを行ったときにその確率が設定されます。今回は対象タスクではないのでNoneが入れられています。

save_dirは予測タスクを行った際に、結果が格納されるディレクトリです。今回はまだそれらの作業を実施していないので、実際にはこのディレクトリは作られていません。また、最後のspeedは、処理にかかった時間が記録されています。

6.2.4 認識結果の確認

　結果として出てくる情報の全体像は把握できました。しかし、重要な情報をまだ確かめていません。それは、物体の検出結果です。検出結果の情報は、先ほど、あとで詳細を確認しようと先送りにしていたboxes属性に入れられています。では確かめてみましょう。

実行結果

```
>>> results[0].boxes
ultralytics.engine.results.Boxes object with attributes:

cls: tensor([0., 0.])
conf: tensor([0.9194, 0.8301])
data: tensor([[3.5740e+03, 1.1279e+03, 4.9651e+03, 3.1485e+03, 9.1941e-01,
0.0000e+00],
        [1.9071e+03, 1.2185e+03, 3.3710e+03, 3.2323e+03, 8.3010e-01, 0.0000e+00]])
id: None
is_track: False
orig_shape: (4284, 5712)
shape: torch.Size([2, 6])
xywh: tensor([[4269.5312, 2138.2139, 1391.0898, 2020.6121],
        [2639.0452, 2225.4121, 1463.8593, 2013.8010]])
xywhn: tensor([[0.7475, 0.4991, 0.2435, 0.4717],
        [0.4620, 0.5195, 0.2563, 0.4701]])
xyxy: tensor([[3573.9863, 1127.9077, 4965.0762, 3148.5198],
        [1907.1156, 1218.5115, 3370.9749, 3232.3125]])
xyxyn: tensor([[0.6257, 0.2633, 0.8692, 0.7349],
        [0.3339, 0.2844, 0.5902, 0.7545]])
```

　検出した物体を囲むバウンディングボックスの情報はultralytics.engine.results.Boxesのオブジェクトとして格納されています。多くのデータは、テンソルとして与えられています。なお、今回は重要なところだけ説明します。

　なにを検出したのかがclsに入れられています。sea.jpgは人間（person）を検出したので、personのラベルである0が2個、並べられています[19]。これだとよくわからないので、table.jpgを対象としたときのclsがどうなるかというと、次のようになっています。

MEMO
19　本来は整数のはずですが、データの箱としてテンソルを用いているため実数になっているのはご愛嬌というところでしょうか。

リスト6.12

```
cls: tensor([40., 45., 60.])
```

先ほどのnamesのデータに照らし合わせてみると、40番、45番、60番はそれぞれ、wine glass、bowl、そしてdining tableです。 図6.14 にもそれらのラベルが付与されていました。また、それぞれの確信度がconfとして与えられています。

検出した結果は、xywh、xywhn、xyxy、xyxynという属性に割り当てられて格納されています。これらの情報はすべて同じですが、表現方法が違います（ 図6.15 ）。

図6.15 バウンディングボックスの値

xywhとxyxyは、オリジナルの解像度で表現した、画素値単位での数値が記載されています。対してxywhnとxyxynはそれぞれ、画像の左上を(0.0, 0.0)、右下を(1.0, 1.0)としたときの、画像の幅と高さに対する比率として表した値です。

各データは4個の数値で1つの検出対象を示しています。xywhは検出箇所の中心のxy座標と、幅と高さ、それぞれの値が並べられています。一方のxyxyは、検出箇所の左上と右下のxy座標が順番に並べられています。xywh、xywhn、xyxy、xyxynはどれも同じ情報を表しているので、

いずれかの使いやすいものを利用すればよいでしょう。

6.2.5 トラッキングを用いた検出精度の向上

動画を対象として物体認識を行う場合には、物体追跡、物体のトラッキングを行うことで検出精度を高められます。つまり、あるフレームを対象としてワンショットで物体認識を行うよりも、前後のフレームを参照することによって、より検出精度を高められるという理屈です。

通常、動画に含まれる連続するフレームはそう大きな変化は起こりません[20]。したがって、以前にある物体が検出されていたそのフレームに続くフレームでは、同様の物体が似たような場所に存在すると考えてよいでしょう。このように、物体を追跡するアルゴリズムを入れることによって、物体検出の精度が上がります。

トラッキングを使って、リアルタイムに物体を検出するプログラムを次に示します。リアルタイムの画像取得は、OpenCVのカメラアクセスを用いています。動画のフレームを取得し、トラッキングしたうえでその結果をアノテーションフレームとして取得した画像フレーム自体に書き加え、結果を表示しています。物体のトラッキングを実行するにはtrack()メソッドを使用します。

> **MEMO**
>
> **20** 大きな変化が起こり得るとすれば、シーンが突然変わるところや、大爆発などリアルでも急激な変化が起きた場合に限ります。

リスト6.13 tracking.py（YOLOによるリアルタイム物体検出）

```python
import cv2
from ultralytics import YOLO

# YOLO11モデルの取得
model = YOLO('yolo11n.pt')

# カメラからの画像を取得
cap = cv2.VideoCapture(0)

while cap.isOpened():
    # 動画フレームを1枚読み込む。読み込みが続く限り処理を続ける
    success, frame = cap.read()

    if success:
        # トラッキングモードで物体を検出する
```

```
        results = model.track(frame, persist=True)

        # 結果の可視化
        annotated_frame = results[0].plot()

        # アノテーションフレームの描画
        cv2.imshow('YOLO11 Tracking', annotated_frame)

        # 'q'キーで終了
        if cv2.waitKey(1) & 0xFF == ord('q'):
            break
    else:
        break

# リソースのリリース
cap.release()
cv2.destroyAllWindows()
```

プログラムの実行結果を 図6.16 に示します。この図は、実行すると現れる動画表示ウィンドウのスクリーンショットです。

図6.16 物体のトラッキング

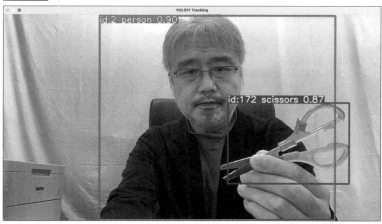

先ほど示した認識結果と若干異なっている点にお気づきでしょうか？ 認識結果を示すバウンディングボックスに、ID番号が付いています。先ほどは検出した物体の名前と確信度だけが表示されていましたが、今回はIDの情報も表示されています。

検出結果を示すultralytics.engine.results.Boxesオブジェクトには、idという属性が用意されていました。トラッキングを行った結果、同一の物体であると判断された場合にはここにID番号が記録されます。これを用いれば、物体の追跡処理も行えます。

COLUMN さまざまなライブラリ

物体追跡の難しさ

　動画のフレームは通常1秒間に30枚程度なので、ものすごく速く移動しているものでもなければ、わずか1/30秒の間に物体の位置はそうそう変わるものではありません。つまり、一度でもきちんと物体を認識できていれば、それを追跡すること、物体のトラッキングはそれほど難しくないと思われるかもしれません。

　しかし、状況によっては物体追跡がとても難しくなる場合があります。それは、「オクルージョン」が発生した場合です。オクルージョンとは、複数の物体とカメラの位置関係の問題で、カメラから見たときに、ある物体がほかの物体を隠してしまうような状況のことをいいます。

　もっとも単純で、ありがちな例は次のような状況です。左側と右側から人が歩いてくるとき、カメラの前で交差するような状況を考えてみましょう。

　人間であれば、左側の人物と右側の人物をそれぞれ認識、識別できます。そのため、左側から来た人はそのまま右側に、右側から来た人はそのまま左側に、追跡していくことができるでしょう。しかし、単純な画像認識だとうまくいかない場合があります。交差

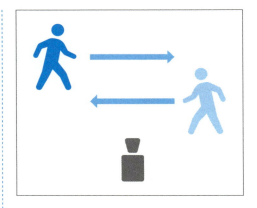

した直後、追跡状況が入れ替わり、左側から来た人が再び左側に戻っていってしまうようなことが起こりえます。

　そのような結果にならないようにするために、いろいろな工夫がなされています。簡単なアイデアとしてはトラッキング中の物体の特徴を捕まえて、物体を識別しながらトラッキングを続けるやり方です。また、移動の速度を考慮して、その移動がそのまま継続するという前提に立って移動後の位置を予測しつつ、追跡を継続させるようなやり方もあります。

　いずれにしても、物体追跡、トラッキングの処理は、簡単そうに見えて実は意外と難しい要素をはらんでいるのです。

SECTION 03 Py-Featによる表情の推定

MediaPipeとYOLO、似たような機能を実現するフレームワークの紹介が続きました。画像から人間を認識できるようになったら、次にやりたいことはなんでしょうか？

1つは画像識別でしょう。顔を認識してあらかじめ登録済みの顔と照合すれば、人間の認証を実現できます。それを利用して認証ゲートを実現している例はすでに紹介しました。

本節では、それとは少し違う方向で、顔の認証に関する詳細化を実現します。それは、人間の持つ感情の推定です。表情を認識し、そのときの気分を推定しようという試みです。このアプローチに似たものとして年齢や性別を推定しようというものもあります。なお、これらの認識は人間の機微に触れる場合もあるので注意が必要です。

6.3.1 Py-Featとは

Py-Featは、Pythonのプログラムにおいて表情分析をするためのライブラリです（図6.17）。公式サイトによれば、表情認識はさまざまな応用がきくため、人間の行動分析研究者やコンピュータビジョンの研究者だけでなく、多くの人に意義があるだろうとのことです。

図6.17 Py-FeatのWebサイト

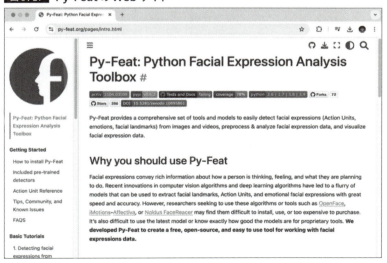

https://py-feat.org/pages/intro.html

画像に写った顔から表情を分析して、その人の気持ちを推定しようという試みは、Py-Feat以外にも、OpenFace[21]、iMotions[22]、Affectiva[23]、FaceReacer[24]など、いくつも提案されています。Py-Featはそのなかでも使いやすく、また、オープンソースソフトウェアとして提供されている[25]という特徴があります。

以降で説明するように、Py-Featの利用は本当に簡単です。人間の顔が写った画像を与えれば、表情を分析してその可能性を確率的に提示してくれます。分類する表情は、怒り（anger）、嫌悪（disgust）、恐れ（fear）、喜び（happiness）、悲しみ（sadness）、驚き（surprise）の6表情[26]に、中立（neutral）を加えた7種類です。

図6.18 Py-Featの分析例

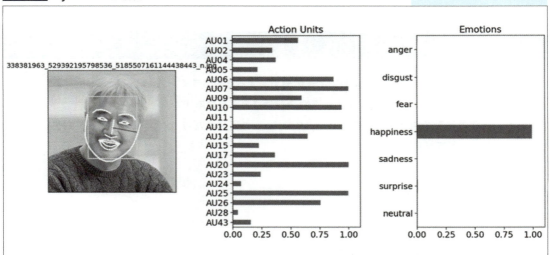

図6.18 は、Py-Featを用いて表情分析を行った分析例です。左側に示す画像を対象にして、表情分析を行いました。中央に示されている棒グラフは、Py-Featが使用している各種の特徴（図6.19）がどう判断されたかを示すものです。それらの特徴に関する値を組み合わせて、最終的な表情の推定が行われます。この例では喜び（happiness）の可能性が非常に高いと推定されました。

URL
21　https://github.com/TadasBaltrusaitis/OpenFace

URL
22　https://imotions.com/

URL
23　https://www.affectiva.com/science-resource/affdex-sdk-a-cross-platform-realtime-multi-face-expression-recognition-toolkit/

URL
24　https://www.noldus.com/facereader/

MEMO
25　ライセンスはMITライセンスです。

MEMO
26　アメリカの心理学者Paul Ekmanが提唱した基本6表情というものです。

図6.19 Py-Featが注目する顔の特徴

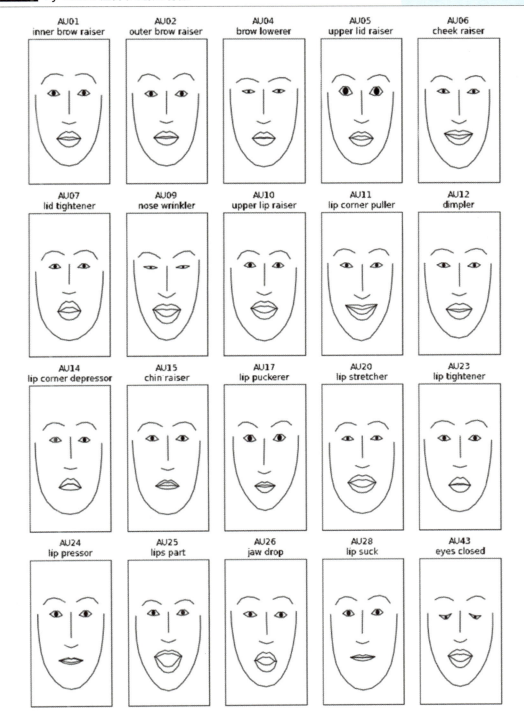

出典：https://py-feat.org/basic_tutorials/03_plotting.html

AISTの顔表情データベース

世の中にはたくさんの研究用データベースが存在します。筆者が以前、開発にかかわったものとして、非音声音ドライソースのデータベース（西浦、他、2001年）というものがあります。人間や動物が発する音ではない、いわゆる「物音」のデータベースです。ドライソースというのは、反響音を含まない音源というもので、純粋に物を叩いたときに発する音を収録した音響データベースです。

この非音声音ドライソースを収録する作業はなかなか大変で、当時、武蔵野にあるNTTの研究所が持っていた6面無響室という設備に3日こもって収録作業を行いました。物音がまったく響かない部屋に閉じこもっていると、精神を病んでしまいそうな状況に陥ります。その作業のしんどさはまたどこかで別の機会があれば説明したいところですが、いずれにしても、大変な思いをしてデータベースを作成しました。

今回ここで紹介したいのは、国立研究開発法人産業技術総合研究所（National Institute of Advanced Industrial Science and Technology、AIST）が2017年に収録して研究用に公開している顔表情データベース（Fujimura & Umemura、2018年）です。

このデータベースには、AISTの人間情報研究部門が取得した日本人8名の顔表情データと、顔表情の心理評定データ39名分が収められています。このデータベースに収録されている顔の写真や動画は、正面から撮影されたもの以外にも左右から角度を変えて撮影されていたり、怒りや喜びといった表情のラベル付けがされていたりと、表情を対象とした研究の素材として活用できるような工夫が凝らされています。

国立の研究所が公開しているデータなので、学術・研究開発の用途のみに限られますが、無償で利用できます。ただし、面白い特徴として、データそのものを公開しないでくださいとの注釈が加えられています。

なぜそのような条件が付けられているかというと、顔表情の刺激データとして用いられるものなので、顔のデータそのものが公開されてしまうと、「あ、これ見たことある」というように認知のバイアスがかかってしまい、人間による評価において実験や分析の妨げになるからだそうです。公開用のデータもとくに用意されていないということなので、気になる方は、直接、AIST顔表情データベースのWebサイトにアクセスして、詳細を確認してみるとよいでしょう。

6.3.2 Py-Feat応用の準備

それでは、Py-Featを使ったアプリケーションを考えてみましょう。題材は、オンラインコミュニケーションの楽しさ分析です。

COVID-19パンデミックの影響でしばらく世界が閉ざされていたとき、オンラインコミュニケーションツールの普及が急激に進みました。なかでも、ZoomやWebex、Google Meet、Microsoft Teamsといったオンライン会議ツールの一般化は目覚ましいものがありました。大学も一時期オンライン化（飯尾、2021年）しましたが、これらのツールに助けられました。

本稿執筆現在、それらのツールのなかにはAIを駆使して自動的に文字起こしをしてくれるようなサービスも実装されたものがあります。文字起こしのデータを用いれば、どのような会話がなされたのかを簡単に記録できます。さらにそれらを生成AIに入力し、簡単な議事録を自動で作ることも可能[27]です。

ここでは、学生による異文化間コミュニケーションの分析を例にあげます。私の所属する学科は、情報系の学科ですが国際的な活動にも力を入れていて、海外との交流活動も多数行われています（若林、他、2023年）。そのような活動のなかで、タイのKMITL[28]とのオンライン交流会を2021年から毎年、開催しています。

その活動において、オンライン会議システムの機能を用い、交流の様子を動画に収めました[29]。今回はそこから切り取った10分ほどの動画を対象に、参加学生が交流を楽しんでいたかどうかをPy-Featを用いて検証するということに挑戦してみましょう。

図6.20 オンライン交流の様子

> **MEMO**
> [27] 実際に、ある会議でそのような議事録が配布されました。議事録を作成した方によると、日付を書き加えた以外、なんの加筆修正もしていないとのこと。人間による要約と遜色なく、驚きました。

> **MEMO**
> [28] モンクット王工科大学ラートクラバン校（King Mongkut's Institute of Technology Ladkrabang）

> **MEMO**
> [29] 参加学生からはインフォームドコンセントをとり、このような記録を研究や教育に利用するための許可を得ています。

図6.20は、対象とした動画の一部を切り取ったスクリーンショットです。交流している学生が4人、左側にタイの学生2人が、右側に日本の学生2人がそれぞれ写っています。

このような動画を対象に、表情の推定を行ってみましょう。

今回は、リアルタイムの動画入力などを考えなくてよいので、再びColabの環境を使います。まずは、py-featのインストールからです。なお、py-featのライブラリをそのままインストールするだけだと、Colabのランタイムにあらかじめインストールされているほかのライブラリとの不整合が原因で、途中でランタイムエラーが発生するという問題が確認されています。どうも最新版のscikit-learnを使うところで不整合が発生しているようです。そのため、pip install時に古いバージョンのscikit-learnを指定して、問題が生じない環境を整えるようにしています[30]。

リスト6.14

```
!pip install scikit-learn==1.4
!pip install py-feat
```

続いて、対象とするデータをドライブに置きます。今回は、マイドライブ直下にFacialExpAnalysisというフォルダを作り、その下に対象とするビデオ、video.mp4を配置しました[31]。さらに、分割したフレームを格納するframesフォルダと、切り出した顔を確認するfacesフォルダも作っておきます（図6.21）。

図6.21 データの配置

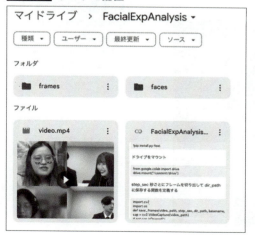

> **MEMO**
> [30] インストール途中でランタイムの再起動が求められますが、再起動して再度インストールすればOKです。

> **MEMO**
> [31] ご自身でお試しになる場合は、今回の動画のように複数人で開催したオンライン会議の様子などを録画し、動画ファイル名をvideo.mp4として試してみてください。

データの準備ができたら、Colabのランタイムからドライブをマウントしてアクセスできるようにしておきましょう。次のコードを実施し、いくつかのダイアログで聞かれる問いにすべてOKと答えれば問題ありません。

リスト6.15

```
from google.colab import drive
drive.mount('/content/drive')
```

6.3.3 フレームの切り出し

Py-Featは動画を直接いじれないので、動画からフレームを切り出す作業が必要です。10分の動画からすべてのフレームを切り出すと大量の画像ができてしまうので、間引いて考えることにしましょう。いずれにせよ、**連続するフレームの間では表情もそれほど変化はしないはず**です。

そこで、今回は大胆にも60秒ごとに切り出すことに決めました。もう少し細かくしてもよいかもしれませんが、まずはやってみようということで、その分割方法を採用します。60秒、すなわち1分おきに切り出すということなので、10分の動画から、10のフレームが切り出されることになります。

動画からフレームを切り出すコードを次に示します。OpenCVの機能を利用しています。

リスト6.16　**フレームを切り出す関数の定義**

```
import cv2
import os

def save_frames(video_path, step_sec, dir_path, basename, ext='jpg'):
    cap = cv2.VideoCapture(video_path)

    # 動画ファイルを開けないときはなにもしない
    if not cap.isOpened():
        return

    # 画像を保存するフォルダを作る
    os.makedirs(dir_path, exist_ok=True)
```

```
    base_path = os.path.join(dir_path, basename)


    # 各種パラメータの計算
    digit = len(str(int(cap.get(cv2.CAP_PROP_FRAME_COUNT))))
    fps = cap.get(cv2.CAP_PROP_FPS)
    fps_inv = 1 / fps
    sec = step_sec

    while True:
        n = round(fps * sec)
        # フレーム番号を指定し画像を読み込む
        cap.set(cv2.CAP_PROP_POS_FRAMES, n)
        ret, frame = cap.read()
        if ret:
            cv2.imwrite(f'{base_path}_{str(n).zfill(digit)}_{(n * fps_inv):.2f}.
            {ext}', frame)
        else:
            # 読み出せなくなったら終了
            return
        sec += step_sec
```

　プログラムを上から見ていきます。このコードではsave_frames()という関数を定義しています。引数は順に、切り出し元の動画へのパス、切り出し間隔（秒）、切り出したフレームを格納するフォルダのパス、切り出した画像ファイルのベースネーム[32]、拡張子です。拡張子は省略でき、デフォルトでは'jpg'が指定されます。

　続いて、動画ファイルをオープンします。うまく開けなかったらそこで終わり、開けたらさらに切り出したフレームを格納するフォルダを作ります。

　続いて、digitやfps、fps_invという変数に与えている計算は、総フレーム数の桁数、毎秒フレーム数（Frame Per Second、FPS）、およびその逆数を求めています。これらの値は、そもそも切り出すべきフレームの決定や、切り出したフレームを格納すべきファイル名の命名に使われます。

　whileループでは、fpsと切り出し間隔であるstep_secを掛け算することで切り出すべきフレームを特定し、動画から読み出します。読み出したフレームは、OpenCVのimwrite()メソッドを用いて画像ファイルに書き出します。

　これを、読み出せなくなるまで、すなわち動画ファイルの終わりに達す

> **用語**
>
> **32**　大雑把にいうと、ファイル名のうち拡張子ではない部分のことです。一般的にファイル名は「ベースネーム．拡張子」という構成になっています。

るまで、step_secずつずらしながら続けます。

　この関数を用いて、一定間隔でフレームを記録します。今回は60秒おきに、framesというフォルダにPNG形式で格納するようにしてみました。

リスト6.17　60秒ごとに切り出す

```
INTERVAL_SEC = 60

save_frames('/content/drive/MyDrive/FacialExpAnalysis/video.mp4',
            INTERVAL_SEC,
            '/content/drive/MyDrive/FacialExpAnalysis/frames/',
            'frame', 'png')
```

　実際に、切り出したフレームはGoogleドライブ側から確認できます。このコードを実行したあとに、うまく切り出せているかどうかを確認してみてください（図6.22）。

図6.22　切り出したフレーム（一部）

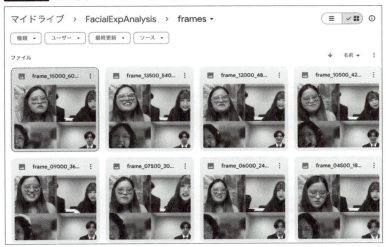

6.3.4　顔の認識と表情の推定

　準備が整ったので、いよいよ、画像から顔を認識して表情を推定する作業に入ります。まずは顔検出器を作成しましょう。

リスト6.18　顔検出器の生成

```
from feat import Detector

detector = Detector(
    face_model='retinaface',
    landmark_model='mobilefacenet',
    au_model='xgb',
    emotion_model='resmasknet',
    facepose_model='img2pose',
)
```

　featモジュールからDetectorをインポートします。Detectorのコンストラクタには、各認識モデルの種類を与えます。なにが使えるかはPy-Featのドキュメントを参照してください。ここでは、標準的に使用できるセットとして、コードに示した各種のモデルを使用します。

　このコードを実行すると、図6.23のようにモデルデータのダウンロードが行われます。少し時間がかかるので、コーヒーでも飲みながらゆっくり待ちましょう。

図6.23　モデルデータのダウンロード（一部）

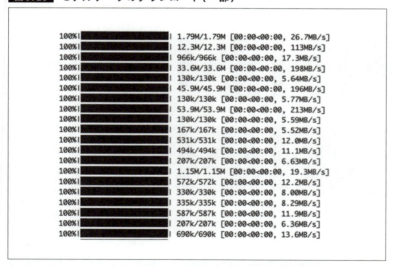

　今回、顔の認識と表情の推定処理を行う対象は複数のファイルです。複数のファイルを一度に処理できるように、リストにまとめてきましょう。

次のコードを実行してください。

リスト6.19

```
import glob

files = glob.glob('/content/drive/MyDrive/FacialExpAnalysis/frames/*')
print(files)
```

glob()という関数を用いて、filesという変数にリストを生成しています。globは条件を満たすパスの一覧を再帰的に探索して、1つのリストにまとめてくれる便利な関数です。

最後のコードの出力は次のようになるでしょう。

実行結果

```
['/content/drive/MyDrive/FacialExpAnalysis/frames/frame_01500_60.00.png',
 '/content/drive/MyDrive/FacialExpAnalysis/frames/frame_03000_120.00.png',
 '/content/drive/MyDrive/FacialExpAnalysis/frames/frame_07500_300.00.png',
 '/content/drive/MyDrive/FacialExpAnalysis/frames/frame_06000_240.00.png',
 '/content/drive/MyDrive/FacialExpAnalysis/frames/frame_04500_180.00.png',
 '/content/drive/MyDrive/FacialExpAnalysis/frames/frame_09000_360.01.png',
 '/content/drive/MyDrive/FacialExpAnalysis/frames/frame_10500_420.01.png',
 '/content/drive/MyDrive/FacialExpAnalysis/frames/frame_12000_480.01.png',
 '/content/drive/MyDrive/FacialExpAnalysis/frames/frame_13500_540.01.png',
 '/content/drive/MyDrive/FacialExpAnalysis/frames/frame_15000_600.01.png'])
```

解析作業を行うフレームを格納した画像ファイルの一覧がリストになっていればOKです。

次のコードが、各フレームに対して顔を認証して表情を推定するコードです。本分析の肝となる部分です。

リスト6.20

```
import pandas as pd

frame = 0
max_faces = 0
dfs = []
```

```
for image in files:
    # 顔を検出して結果を描画する
    face_prediction = detector.detect_image(image)
    face_prediction.plot_detections(au_barplot=False, poses=True)

    # 必要な項目をコピーし、x、y、frameなどを追加
    df = face_prediction[['anger', 'disgust', 'fear',
                    'happiness', 'sadness', 'surprise', 'neutral',
                    'FaceRectX', 'FaceRectY',
                    'FaceRectWidth', 'FaceRectHeight']].copy()
    df['x'] = face_prediction['FaceRectX']+face_prediction['FaceRectWidth']/2
    df['y'] = face_prediction['FaceRectY']+face_prediction['FaceRectHeight']/2
    df['frame'] = frame
    # 作成したデータフレームをリストに保存
    dfs.append(df)

    # フレームを更新、顔の最大個数も上回れば更新する
    frame += 1
    num_faces = len(df)
    if max_faces < num_faces:
        max_faces = num_faces

# すべてのデータフレームを1個にまとめる
all_faces = pd.concat(dfs).reset_index()
```

　先ほど作成したfilesというリストを対象に、for文で一つひとつ中身を
取り出しながら、作業を進めています。

　detector.detect_image()メソッドで、顔を検出しています。検出し
た結果は、変数face_predictionに格納します。顔を検出している状況
は、図6.24 のように棒グラフで進捗を確認できます。

図6.24 対象とした10フレームの認識処理

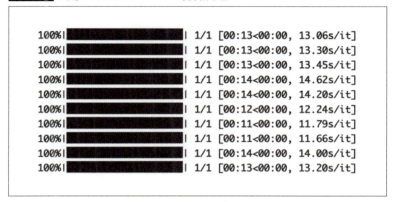

次にface_prediction.plot_detections()で、検出した結果を表示します。引数で、細かな特徴量の表示は抑え（au_barplot=False）、追加で顔の向きも表示するように指定しています（poses=True）。

図6.25に、フレームを認識した結果の例を示します。左側にはフレーム内に認識した顔の認識状況を、右側には推定した表情の確率を示しています。驚き（surprise）の表情を示している人が1人いるようですね。

図6.25 認識結果のプロット（一部）

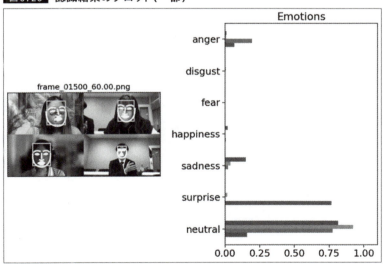

forループの後半では、認識した情報からデータフレームを作成しています。7種類の表情の確率と、検出した顔の位置（左上のXY座標と、幅と高さ）をコピーし、その情報から計算される顔の中心位置、フレーム番号

を、新しいカラムに追加します。

　ここで作られるデータフレーム df は、1つのフレームに含まれる顔の数だけのレコードを含みます。それらを、フレーム番号を更新しながら配列 dfs に追加していき、最後に concat() メソッドで1つのデータフレームにマージしたうえで、結果を変数 all_faces に入れています[33]。

　顔がいくつ検出されたかを、のちほどクラスタリング処理で利用するため、変数 max_faces にその最大値を格納していることにも注意してください。

> **MEMO**
>
> **33** ついでにインデックスの番号を振り直しています。

6.3.5　参加者ごとの分析

　ここまでできたら、認識結果を参加者別に分類して、フレームの遷移とともに参加者の表情がどう変わっていったかを調べてみたいものです。幸いにして、オンライン会議の通話記録では、参加者の顔の位置がきれいに分割されているので、位置情報だけで参加者を特定できそうです[34]。

　先ほど計算した顔の中心位置に関するXY座標に基づいて、クラスタリングを実施し、参加者を分類しましょう。クラスタリングのコードは次のような非常にシンプルなものです。StandardScaler を用いて正規化したうえで、k-Means 法によってクラスタリングしています。クラスタ数は、先ほど求めた max_faces です。

> **MEMO**
>
> **34** 参加者の入れ替えがあるとその前提が崩れます。そのような状況にも対応できるようにするには、もうひと工夫が必要です。

リスト6.21　k-Means 法によるクラスタリング

```python
from sklearn.cluster import KMeans
from sklearn.preprocessing import StandardScaler


sc = StandardScaler()
# (x, y) の位置でクラスタリングする
clustering_sc = sc.fit_transform(all_faces[['x','y']])
kmeans = KMeans(n_clusters=max_faces, random_state=0)
clusters = kmeans.fit(clustering_sc)


all_faces['cluster_no'] = clusters.labels_
```

　最後に、クラスタのラベルを用いて cluster_no というカラムをデータフレームに追加しています。colab上で「all_faces」と入力して実行し、

データフレームall_facesを表示してみると、**図6.26**のようになっているでしょう。確認してみてください。

図6.26 クラスタ番号の追加（右端）

	FaceRectX	FaceRectY	FaceRectWidth	FaceRectHeight	x	y	frame	cluster_no
7074	926.576171875	68.74278116226196	133.04210069444434	176.88837575912476	993.0972222222222	157.18696904182434	0	0
0393	329.7910970052083	72.62771415710449	152.35294596354169	202.6420841217041	405.96756998697913	173.94875621795654	0	2
0344	920.3019748263888	464.7835464477539	74.28645833333337	99.1139144897461	957.4452039930554	514.340503692627	0	3
2493	211.23258463541666	439.48986053466797	148.13967556423611	189.87622833251953	285.30242241753473	534.4279747009277	0	1
8794	327.213134765625	67.22716569900513	176.13897026909717	227.27066373825073	415.2826199001736	180.8624975681305	1	2
7126	896.5005425347222	70.80531406402588	136.08365885416674	175.156325340271	964.5423719618055	158.38347673416138	1	0
5542	913.8195529513888	455.69318389892258	80.77495659722229	110.10631942749023	954.20703125	510.7463436126709	1	3
9076	216.5203857421875	434.07730865478516	156.76474338107636	204.45645904541016	294.9027574327257	536.3055381774902	1	1
0171	331.92591688368054	88.7482795715332	181.5254177517361	230.8330535888672	422.6886257595486	204.1648063659668	2	2
6162	920.8947482638888	111.05133247375488	105.01019965277771	140.31455039978027	973.3998480902776	181.20850767364502	2	0
4351	215.373616534581	434.0657730102539	168.19618055555554	215.94280242919922	299.4717068142361	542.0371742248535	2	1
2427	911.3209635416666	460.2946014404297	84.14887152777771	119.23125457763672	953.3953993055554	519.910228729248	2	3
6772	923.4708116319443	69.65136909484863	104.77126736111109	147.77059508972168	975.8564453124999	173.18326663970947	3	0
6173	324.9542100694444	75.98673248291016	133.04503038194446	183.47741317749023	391.47672526041663	167.72543907165527	3	2
2302	917.0203993055555	460.1966171264648	85.8342013888888	113.43644714355469	959.9375	516.9148406982422	3	3
3156	170.10460069444443	433.82283782958984	170.36366102430557	224.91128540039062	255.28643120659723	546.2784805297852	3	1
7534	925.7770182291666	107.30880546569824	105.82866753472229	142.54810523986816	978.69135199965278	178.58285808563232	4	0
5161	174.96280924479166	433.08853912353516	178.68969726562497	224.4894790649414	264.30765787760413	545.3332786560059	4	1
8476	316.84982638888886	23.910391330718994	170.89393446180554	221.17642736434937	402.29679361979163	134.49860501289368	4	2
8704	920.7961154513888	462.0370330810547	78.7978515625	104.60501861572266	960.1950412326388	514.339542388916	4	3
0427	307.558241102543054	65.61048030853271	161.804606119791163	215.19733715057373	388.46054416232636	173.209148883381958	5	2
7397	901.42724609375	41.1480131149292	144.0700412326389	204.9991579055786	973.4622667100695	143.6475920677185	5	0

適切に分類されているかどうか、位置をグラフに表示させて確かめてみるとどうなるでしょうか？ 次のコードで、クラスタリングした結果を確かめてみましょう。

データフレームからx、yの座標情報とクラスタ番号だけを抽出、散布図を描いてみます。

リスト6.22

```
all_faces[['x', 'y', 'cluster_no']].plot.scatter(x='x', y='y',
                                            c='cluster_no', cmap='rainbow')
```

データの性質から、**はっきりと分類できていること**がわかります（**図 6.27**）。

このグラフを見ればほぼ問題ないことはわかりますが、念のため、クラスタリングされた番号で顔を切り出して、きちんと参加者ごとに分類できているかどうか確かめてみましょう。そのために、関数を2つ定義します。

247

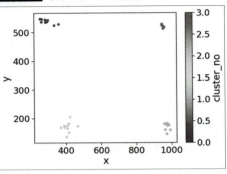

図6.27 クラスタリング結果

　1つは、顔画像を含む長方形の部分画像をフレームから切り出す関数face_rect()です。引数には、先ほど作ったデータフレームから、切り出す対象の顔が含まれる行を与えます。なお、各行の値をintに変換している点に注意してください。

リスト6.23　顔画像を含む長方形を指定する関数の定義

```
def face_rect(face):
    index = int(face['index'])
    frame = int(face['frame'])
    dfx = dfs[frame][index:index+1][['FaceRectX', 'FaceRectY',
                                      'FaceRectWidth', 'FaceRectHeight']]
    return dfx.iloc[0].apply(int)
```

　もう1つは、抽出した顔画像の位置を利用して、その部分を切り出して保存する関数crop_image()です。引数として、切り出す元のフレーム画像へのパス（frame_file）、切り出す長方形の位置情報（rectangle）、書き出す先のディレクトリのパス（dir_path）、および書き出す画像のファイル名（filename）を与えます。

リスト6.24　画像を切り出して保存する関数の定義

```
from PIL import Image

def crop_image(frame_file, rectangle, dir_path, filename):
    os.makedirs(dir_path, exist_ok=True)
    file_path = os.path.join(dir_path, filename)
```

```python
im = Image.open(frame_file)
rect = rectangle.to_dict()
ulx = rect['FaceRectX']; uly = rect['FaceRectY']
lrx = rect['FaceRectX'] + rect['FaceRectWidth']
lry = rect['FaceRectY'] + rect['FaceRectHeight']
# 画像を切り出し保存
im_crop = im.crop((ulx, uly, lrx, lry))
im_crop.save(file_path)
```

　処理はシンプルです。長方形の位置情報を辞書型に変換し、左上と右下の座標を求めます。それを用いて、crop()メソッドで切り出してsave()メソッドで保存するだけです。

　これらの2つの関数を用いて、元フレームの画像から顔の画像を切り出します。抽出済みのデータフレームに格納された情報に基づいて、すべての顔画像を切り出して振り分けます。データフレームは1行に1つの顔画像情報が格納されているので、**1行ずつ繰り返して処理すればOK**です。そのコードを次に示します。

リスト6.25　顔画像の切り出し

```python
for face_tuple in all_faces.iterrows():
    face = face_tuple[1]
    frame_no = int(face['frame'])
    cluster_no = int(face['cluster_no'])
    frame_file = files[frame_no]
    rectangle = face_rect(face)
    dir_path = f'/content/drive/MyDrive/FacialExpAnalysis/faces/{cluster_no}/'
    filename = f'image{frame_no}.png'
    crop_image(frame_file, rectangle, dir_path, filename)
```

　フレーム番号やクラスタ番号などの必要な情報をそれぞれの変数に入れ、ファイル名を適切に決定したうえで、先ほど定義したrectangle()とcrop_image()関数を使って、一つひとつ切り出しては保存する処理を行います。

　処理の結果はGoogleドライブ側で確認できます。切り出した顔画像を確認して、同一人物が1つのフォルダにまとめられていることを確かめましょう（**図6.28**）。

図6.28 顔画像の切り出し結果

最後に、参加者ごとに表情の変化を積み上げ棒グラフで表示する関数show_graph()を定義します。引数は参加者の番号、つまり、クラスタ番号を指定して、その参加者に関する表情の推定を棒グラフでプロットします。

変数all_facesに格納されているデータフレームからクラスタ番号が指定した番号のものを抽出し、7個の感情に関するカラムだけを取り出しグラフ化します。

リスト6.26 顔番号を指定してグラフを書く関数の定義

```
from matplotlib import colormaps as cm

def show_graph(face_no):
    cmap = cm.get_cmap('Set1')
    # 指定した顔番号の顔データ行を抽出
    df = all_faces[all_faces['cluster_no'] == face_no]
    # 感情に関するカラムを抽出
    df = df[['frame','anger','disgust','fear','happiness',
             'sadness','surprise','neutral']]
    # 積み上げ棒グラフを描画
    df.plot.bar(x='frame', stacked=True,
                cmap=cmap).legend(bbox_to_anchor=(1.0, 1.0))
```

準備が整いました。すべての参加者について、グラフを描画してみましょう。

リスト6.27

```
for n in range(max_faces):
    show_graph(n)
```

図6.29 参加者の表情が変化する様子

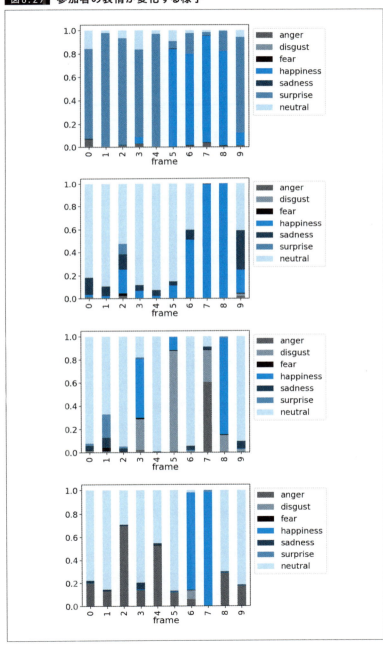

4人の参加者について、フレームごとに推定された表情の推定値を図6.29に示します。横軸はフレームの番号、縦軸はそれぞれの表情推定の確率です。人によって表情が豊かだったり、そうでもなかったりする点が面白いところですね。

COLUMN

表情の分析の使い道

オンライン会議を用いた異文化間コミュニケーションを動画で記録して、その参加者がコミュニケーションの過程でどのような表情をしているかをPy-Featを用いて分析しました。結果として、喜怒哀楽が定量化されて面白い成果が得られました。

この成果をどう利用するかについては、若干、検討しなければならないでしょう。今回の異文化間交流教育においては、参加した学生たちからインフォームドコンセントを取り、得られた動画や交流のデータは研究、および今後の教育に役立てるために利用する旨の約束を取り付けています。本書で紹介できているのも、その一環です。

しかし、表情を分析した結果を成績評価に用いるのは、少し踏み込み過ぎた利用法といえるのではないでしょうか。そもそも、コミュニケーションの良し悪しはどう評価すべきでしょうか。つねにニコニコと笑っていれば、それはあるべきコミュニケーションなのでしょうか。

なかには感情を表に出すことを得意としない人もいるでしょう。そのような人がコミュニケーションを楽しんだかどうかは、表情からだけで推定するのは難しいのではないでしょうか。

以前、学習管理システム、いわゆるLMS（Learning Management System）のアクセス状況と成績の関係に関する論文（Iio、2024年）を書いたときに、査読のコメントで「そもそもこのような分析自体を禁じている国もある」という指摘をいただいたことがあります。プライバシー保護の観点からも、コンピュータで表情を推定しようという試みは、少し微妙だと判断する人もいるでしょう。実際、EUのAI規則では職場や教育機関による感情推定の利用を原則として禁止しています（EU、2024年）。

いずれにしても、このような仕組みを用いて推定した表情のデータを用いて安易に成績評価に応用するのは、避けたほうがよいかもしれません。

AI学習と数学

本書はこれでほぼおしまいです。ここまで読み進めてきた皆さん、いかがでしたでしょうか。Colabやローカル環境を用いて試しながら学習を進めてきた皆さんは、わりと簡単にAIプログラムが作れてしまうので驚いたのではないでしょうか。複雑な処理も簡単に自前のアプリケーションに組み込めてしまうのは、ひとえに本書で紹介したようなライブラリが整備されているからです。ライブラリを使ってAIを簡単に作れると理解できたならば、本書の目的は十分に果たせたといえるでしょう。

これから先に進むには、どのようなことを学んでいけばよいでしょうか。各章のまとめで示したように、それぞれのフレームワークやライブラリについてさらに専門書やウェブサイトの情報を学んでいく必要はあるでしょう。日本語訳されたものには情報が古くなっていたり、いろいろと間違いが含まれていたりするリスクもあるため、英語版の一次情報にあたることをお勧めします。幸いにして多くの場合はさほど難しい英語で書かれていないので、慣れてしまえばスムースに学習を進められるでしょう。

一方で、やはり数学的な基礎知識の学習は重要です。本書では、数式を用いた解説はほぼ割愛しました。数学的な知識があまりなくても、AIの基礎的なものであれば作れるし使えるからです。しかし、より高度なものに手を出そうとか、ライブラリで提供されているものに手を加えて性能を向上させようとか、少し気の利いたことをしようとすると、数学の知識が求められることも少なくありません。

とりあえずは高校から大学初年時程度の数学的知識があれば十分です。初歩的な数学に不安がある方は、「ITと数学」（中井、他、2021）の一読をお勧めします。機械学習においてなぜシグモイド関数が用いられるのかなど、分かりやすい説明がいろいろと記載されていて参考になります。

CHAPTER6のまとめ

本章では、AIを応用した使いやすいライブラリの利用例として、以下のことを学び
ました。

- ☐ Googleが開発しているMediaPipeを学びました。その応用例として、顔ハメゲー
  ムのアプリケーション作成を試みました。
- ☐ YOLOを紹介しました。YOLOでは物体認識や追跡の処理を簡単に記述でき、学
  習済みのモデルを用いて、そこそこ精度の高い物体認識を実現できます。リアル
  タイム処理が可能なので、既存のアプリケーションに組み込むのも簡単です。
- ☐ Py-Featによる顔の表情の推定を学びました。応用例として、オンラインで実現し
  た異文化間コミュニケーションの記録動画を対象として参加者の感情を推定する
  処理をコーディングしました。

本章で紹介した各種のライブラリは、ここで紹介した機能、すなわち、顔や物体の
認識、表情の推定以外にも、さまざまな機能を実現できます。たとえばMediaPipe
では、本章ではおもにコンピュータビジョンの用途を中心に紹介しましたが、テキス
ト処理や音声データ処理などの機能も利用できます。

また、本章で紹介したライブラリ以外にも、AIを応用したライブラリとして、手書き
文字認識を実現するようなものや、ヒントを与えると自動で作曲するようなものなど、
いろいろな用途のライブラリが提案されています。それらはどれも簡単に使えるよう
になっているので、必要な用途に応じて探し、使ってみるとよいでしょう。

254 | SECTION 03 | Py-Featによる表情の推定

あとがき

　本書はPythonを用いたAIプログラミングのイントロダクションといった位置付けですが、単なる紹介にとどまらず、いくつか具体的な利用例に踏み込んでその面白さを解説してきました。いかがでしたか？ AIを応用したシステム開発の面白さを感じていただけましたでしょうか。

　本書のいくつかの部分は『シェルスクリプトマガジン』で連載している『Pythonあれこれ』の記事に加筆修正したものです。原稿の使用を快諾くださったUSP研究所の麻生二郎さんにこの場を借りて感謝申し上げます。また、遅筆の筆者を叱咤激励しつつ脱稿までご支援くださった三津田治夫さんと後藤孝太郎さんにも御礼申し上げます。

　CHAPTER5の内容に関して、新進気鋭の若手自然言語処理研究者である坂地泰紀先生に多大なアイデアをいただきました。ありがとうございます。CHAPTER6ほか随所で紹介した研究を進めてきた、飯尾研メンバーにもあらためて感謝いたします。

　本書で紹介した各種のライブラリを開発し、惜しみなく公開してAIプログラミング開発に多大な貢献をされている各種ライブラリの開発チーム、あるいは、無料かつ気軽に利用できるプログラム開発サービスの提供や、それを支えている各企業の皆さんにも感謝です。筆者はかつて、オープンソースソフトウェアやフリーソフトウェアといったムーブメントに関する研究に従事していた時期があります。したがって、彼らが単に利他的な目的や公益性を重視するためだけでそれらのソフトウェアを公開しているわけではないことは、熟知しています。それでも、これらの皆さんがいまのITの発展を支えているのは間違いありません。

　最後に、本書を手に取って読んでみようと思ってくださった読者の皆さんにもあらためて感謝を申し上げます。皆さんが少しでもAIプログラミングに興味を持って、本書を読み終えたいま、この先もっと学習を進めていきたいと思ってくださっていることを期待します。

2025年春
某空港で乗り換え便を待ちながら
飯尾 淳

AI関連用語集　(アノテーション ～ 教師なし学習)

アノテーション(Annotation)
　注釈の意。学習データにラベルを付ける作業を指す。機械学習においては、教師あり学習のためにデータセットに正しいラベルをつける必要がある。手作業で行うことが多く、時間と手間がかかる。本書で紹介したデータセットでは、たとえばMNISTであれば、手書き文字の画像データに対して0から9までの数字でラベルが付与されている。

アルゴリズム(Algorithm)
　特定の問題を解決するための手順や計算のプロセスのこと。機械学習では、データを処理してモデルを構築するための数学的な手順がアルゴリズムとして存在する。どのアルゴリズムを選択するか判断する際に、効率や精度が重要になる。本書ではCHAPTER2のSECTION2で、scikit-learnにおけるアルゴリズムの選び方の例を紹介している。

エキスパートシステム(Expert system)
　専門家の知識を模倣して問題解決を行うAIシステムのこと。知識ベースと推論エンジンを組み合わせて、特定の分野で意思決定をサポートする。現代のAIと異なり統計的推論に基づくものではなく、ルールベースの判断を組み合わせて推論する。1980～90年代の第二次AIブームのころに実用化され、医療や技術サポートなどに利用されている。

音声認識(Speech recognition)
　コンピューターが人間の話した言葉を認識する技術のこと。マイクなどを通じて入力された音声データの内容を解析し、自然言語処理も援用して音声の認識を行う。AppleのSiriやAmazonのAlexa、Google Assistantなどの音声アシスタントや字幕生成などに利用されている。近年のディープラーニングを使用した認識処理により精度が劇的に向上し、実用的な技術として定着した。

回帰分析(Regression analysis)
　連続的な数値データを予測するための機械学習手法。データをプロットし、データの変化を最もよく表すグラフを描く数式を求めて、未知のデータの予測を行う。たとえば、気温とアイスクリームの売り上げを表した図のような最も単純な線形回帰では、Y=aX+bという形式の式でデータの推移を表すことができるため、Xに予測したい気温を入れると、売り上げがYと予測される。このとき、Xを説明変数、Yを目的変数と呼ぶ。

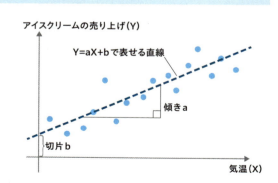

過学習（Overfitting）

モデルが学習データに過度に適応し、汎用性を失ってしまう現象を指す。過学習が起こると、検証データや新しいデータに対して性能が低下する。機械学習の研究においては、これまでにも過学習を防ぐためのさまざまな工夫が提案されている。詳しくは089ページ参照。

画像認識（Image recognition）

コンピュータが画像を解析して意味を理解する技術のこと。物体検出や顔認識、文字認識などが含まれ、ディープラーニング（CNN）を用いた手法が主流。本書ではPyTorchやTensorFlowを用いた手書き文字認識（CHAPTER3 SECTION3、CHAPTER4 SECTION1）やTorchVision、YOLOを用いた物体認識（CHAPTER3 SECTION4やCHAPTER6 SECTION2）などを紹介している。

活性化関数（Activation function）

ニューラルネットワークの各ニューロンの出力を決定する関数のこと。本書で紹介したReLU（Rectified Linear Unit）のほか、ステップ関数やシグモイド関数などが一般的。詳しくは139ページ参照。

機械学習（Machine learning）

コンピュータがデータを解析してパターンを学習し、明示的なプログラミングなしで予測や決定を行う技術。データから自動的に知識を抽出し、モデルを構築する。アルゴリズムを使い、学習を重ねて精度を向上させる。ラベルの有無で教師あり学習と教師なし学習に分かれる。

強化学習（Reinforcement learning）

知的エージェント（人工知能の機能を備えたソフトウェアエージェント）が環境と相互作用し、報酬を最大化するように行動を学習するアルゴリズムのこと。バックギャモンや囲碁などのゲームやロボット制御などの分野で成功を収めており、試行錯誤を通じて最適な戦略を見つける。

教師あり学習（Supervised learning）

ラベル付きデータを使ってモデルを訓練する方法のこと。正解が与えられたデータを用いて、予測や分類を行う。典型的な例に、スパムメールの分類や手書き文字認識がある。本書で紹介した例であれば、MNISTの手描き文字認識や映画レビューの感性分析は教師あり学習に該当する。

教師なし学習（Unsupervised learning）

ラベルのないデータを用いてパターンを見つける方法のこと。代表的な技術はクラスタリングで、データ内の構造や隠れた特徴を発見する。分類した結果にラベルを付ければそれ以降は教師あり学習のデータとして利用できる。

AI関連用語集　（クラスタリング ～ チューリングテスト）

クラスタリング（Clustering）

似た特徴を持つグループにデータを分ける手法のこと。ラベルがないデータに対して適用される。k-Means法や階層的クラスタリングなどが代表的なアルゴリズム。教師なし学習の代表的な例である。

最適化（Optimization）

目標を達成するためにモデルのパラメータを調整するプロセスのこと。勾配降下法などのアルゴリズムを使って、誤差を最小化するようにパラメータを更新する。本書のCHAPTER3ではSGD（Stochastic Gradient Descent：確率的勾配降下法）を（108ページ）、CHAPTER4ではAdamのアルゴリズムを使用している（143ページ）。

サポートベクトルマシン（SVM：Support Vector Machine）

分類問題を解くための機械学習アルゴリズム。基本的にはデータを線形に分割するための最適な境界を見つける。線形分離だけでなく、カーネル法を用いて非線形な境界面にも対応できる。高次元のデータにも威力を発揮する。詳しくは076ページを参照。

次元削減（Dimensionality reduction）

高次元のデータを低次元に圧縮する手法のこと。主成分分析（PCA）や特徴選択、非負行列分解などのアルゴリズムが有名で、データの可視化や計算の効率化に使われる。本書では078ページでPCA処理の例を紹介している。

自然言語処理（NLP：Natural Language Processing）

コンピュータが人間の言語を理解し、操作する技術のこと。テキストや音声を解析し、翻訳、要約、感情分析などを行う。チャットボットや音声アシスタントでよく使われており、近年では音声データを自動で書き起こして要約するような段階まで技術が成熟した。

生成AI（Generative AI）

新しいコンテンツを生成するAI技術のこと。テキスト、画像、音楽などを作り出すことができ、テキストを生成するChatGPTや画像を生成するImageFXなどがその代表例。人間の創造的な活動を支援するツールとして注目されている。

責任あるAI（Responsible AI）

倫理的で公平、安全なAI技術を設計・運用するためのガイドラインや実践を指す。バイアスの排除、透明性、プライバシー保護などが含まれる。AIの開発にあたっては、そのAIが社会に害を与えることを防ぐ姿勢が求められている。

線形・非線形（Linear and Non-linear）

データと予測の関係が直線的であることを線形という。線形モデルはシンプルな性質を持つため扱いやすいという特徴を有する。非線形は、関係が曲線や複雑な形状を持つ場合に使用される。非線形モデルは、より複雑なデータセットに適用可能だが、線形モデルよりも扱いにくい。

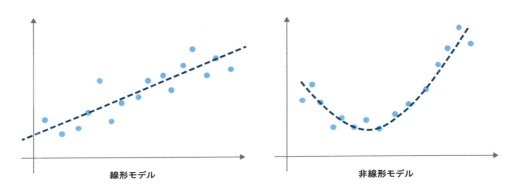

ソフトマックス関数（Softmax function）

出力値を確率的な形に変換するための関数を指す。とくに多クラス分類問題で使われ、各クラスの確率を計算する。出力の合計は1となる。本書では141ページで紹介している。

損失関数（Loss function）

モデルの予測結果と実際の結果との誤差を評価する関数を指す。誤差が小さければ良いモデル、大きければ悪いモデルとなる。回帰ではMSE（平均二乗誤差）、分類ではクロスエントロピーがよく使われる。本書のCHAPTER4で使用している「SparseCategoricalCrossentropy」はクロスエントロピーの一種にあたる（142ページ）。

チューリングテスト（Turing test）

ディスプレイなどを通じて対話することで、対話の相手が人間か機械かを判定するテスト。1950年にアラン・チューリングが提案し、AIが人間と区別できない対話をできることが「AIが知性を持った証明」とされていた。チューリングテストに対しては、哲学者のジョン・サールが「中国語の部屋」という興味深い反論を呈している。

AI関連用語集 （ディープラーニング ～ モデル）

ディープラーニング（Deep learning）

深層ニューラルネットワークを用いた機械学習のこと。複雑なデータを多層のネットワークを使って処理し、特徴抽出やパターン認識を行う。画像認識や音声認識などにとくに有効とされる。パラメータの数が極めて多くなっており、精度が向上するメリットがあるが、反面、学習に多大なコストがかかるという問題も抱えている。

データセット（Data set）

機械学習モデルの学習や検証に使用するデータの集まり。通常、データセットには入力データと対応するラベル（教師あり学習の場合）が含まれている。データの質がモデルの性能に大きく影響する。昨今の大規模な機械学習モデルにおいては大量のデータセットを必要とするため、集めたデータに人工的な加工を加えてデータ数を増やすなどの工夫もなされるようになっている。

転移学習（Transfer learning）

機械学習において、あるタスクで学んだ知識を別の関連するタスクに応用する技術のこと。少量のデータで新しいタスクを学ぶことができ、学習の効率を大幅に向上できる。その反面、既存のデータと新たなタスクの関連性が薄い場合、負のバイアスがかかった学習となり効果が出ないリスクもある。

特徴量（Feature）

機械学習モデルがデータから学習するために使用される入力データの特徴を、処理できるように数値化したもの。たとえば、画像の色や形状、テキストの単語頻度などが特徴量として扱われる。本書で紹介したirisデータセットでは、あやめのデータとしてがくの長さ・がくの幅・花びらの長さ・花びらの幅の4つの特徴量を持っていた（073ページ）。TensorFlowによるテキスト解析では、文字列からベクトルへ変換して特徴量を生成していた（153ページ）。

ニューラルネットワーク（Neural network）

生物の神経回路網を模倣したモデルで、複雑なデータパターンを学習できる。層状に構成されるノード（ニューロン）が情報を伝達し、入力から出力を生成する（104ページ参照）。ディープラーニングの基礎となる技術。

パラメータ（Parameter）

AI関連においては、モデルが学習する際に調整される数値のこと。たとえば、104ページで紹介した多層パーセプトロンにおける重みWがパラメータにあたる。これらは学習データを使って最適化される。

ハルシネーション（Hallucination）

AIが事実に基づかない情報を生成する現象のこと。とくに生成系AIを使用したテキスト生成において、誤った内容が自信を持って提供されることがある。AIの生成結果が信頼性を欠くものとして、問題となることが多い。ハルシネーションを防ぐために、CHAPTER5で紹介したRAGなどの工夫が考えられている。

判別器（Discriminator）

入力データがどのカテゴリに属するかを識別するモデル。分類タスクに使用され、たとえばスパムメール判別器や画像認識のような課題に適用される。判別器は、たとえばスパムメールの判別器であれば、スパムメールである確率は80%、そうではない確率は20%というように、確率的な出力を提供することが多い。

分類（Classification）

データをいくつかのカテゴリに分ける機械学習のタスク。サポートベクトルマシンや決定木などのアルゴリズムがよく使われる。たとえば、手書きの数字を認識するタスクであれば数字の画像を0から9までのカテゴリに分類するタスクがこれに当たる。

ベクトルデータベース（Vector database）

特徴量をベクトルとして保存し、効率的に検索できるデータベースのこと。類似度検索が可能で、画像やテキストの検索に利用される。本書では、CHAPTER5の言語生成AIの作成時にChromaのベクトルデータベースを使い、RAGを構成している。

マルチモーダルAI（Multimodal AI）

異なる種類のデータ（テキスト・画像・音声など）を統合して処理するAIを指す。画像とテキストなど複数の種類の情報を用いることで、より多様で正確な判定が可能になる。画像キャプション生成やビデオ解析で使用されている。

モデル（Machine learning model）

データから学んだパターンを表現する数式やアルゴリズムのこと。機械学習のモデルは、入力データに基づいて予測や分類を行う。モデルは訓練データで学習し、未知のデータに対して可用性を持つことが求められる。たとえば教師あり学習であれば、線形回帰、ロジスティック回帰、決定木、ランダムフォレスト、サポートベクトルマシンなどがモデルに該当する。また、学習したパラメータもモデルに含まれる。

AI関連用語集　（予測器 ～ RNN）

予測器（Predictor）

与えられた入力データに基づいて将来の値を予測するためのモデル。回帰分析や時系列予測に使われ、株価の予測などが典型的な応用例だ。本書では判別器を中心に解説しているため、予測器についてはあまり触れていないが、未来予測もAIの重要なタスクである。

弱いAI（Weak AI）

狭義のAI（Narrow AI）ともいい、特定のタスクに特化したAIシステムを指す。汎用的な知能を持つことなく、特定の問題を解決するために設計されている。人間のような汎用的な知能を持つAIを「強いAI」や「AGI（Artificial General Intelligence）」と呼ぶが、現在はまだ実現していない。

ライブラリ（Software library）

ソフトウェア開発で再利用可能なコードの集まり。機械学習ではNumPyやTensorFlow、PyTorchなどがよく使われ、モデルの構築やデータ処理を効率化できる。とくにPythonは機械学習のライブラリが充実しており、Pythonの人気に一役買っている。

ChatGPT

OpenAIが開発した大規模言語モデルGPTを用いた言語生成AI。自然な対話を生成する能力があり、質問応答や文章作成などさまざまなタスクをこなせる。2022年11月に公開され、性能の高さから話題を集めた。ChatGPTが広く利用されることにより、ハルシネーションといった生成AIの問題点も一般化するきっかけとなった。

CNN（Convolutional Neural Network）

画像データを処理するために特化したニューラルネットワーク。画像内の特徴を抽出し、分類や認識を行う。とくに画像認識で非常に高い性能を発揮する。本書ではCHAPTER3のPyTorchを利用した画像認識において、Mask R-CNNを利用している（122ページ）。

GAN（Generative Adversarial Network）

敵対的生成ネットワークの意。画像を生成するニューラルネットワークと、画像が偽物かどうかを判別するニューラルネットワークを競わせながら学習を行うことで、リアルなデータを生成する技術。

GPU（Graphics Processing Unit）

並列処理能力に優れたプロセッサで、元々は画像やビデオの処理に使用されていた。大量の計算処理が必要となるディープラーニングの学習や推論において、計算を高速化するために不可欠なハードウェアとなっている。

LLM（Large Language Model）

　大規模なデータセットで訓練された、非常に多数のパラメータを持つ言語モデル。代表的なものとしてChatGPTがあるが、現在ではさまざまなモデルが提案されている。人間の言語に基づいた多様なタスクをこなすことができ、文章生成や対話などに強みを持っている。

RAG（Retrieval Augmented Generation）

　外部データを利用して生成タスクを補強する手法。生成モデルが検索結果を基にしてより正確な情報を提供するため、とくに質問応答や対話型AIに有効。本書では、CHAPTER5でハルシネーションを防ぐためにRAGを用いている（172ページ）。

RNN（Recurrent Neural Network）

　時系列データやシーケンスデータを処理するためのニューラルネットワーク。過去の情報を保持しながら、現在の状態を予測することができる。自然言語処理では、文章は順序立てて単語が並べられるため、RNNが適しているとされている。本書では、CHAPTER4のテキスト解析において双方向RNNを活用している（158ページ）。

参考文献

CHAPTER 1

『第5期科学技術基本計画』
（内閣府、2016年）

『平成28年版 情報通信白書』
第1部 特集 IoT・ビッグデータ・AI～ネットワークとデータ
が創造する新たな価値～ 第2節 人工知能（AI）の現状と
未来、pp. 232-241.（総務省、2016年）

AIと倫理、日本経営倫理学会誌、30巻
pp. 117-128（田中敬幸、2023年）

選択インタフェースにおけるアイテムの遅延表示が
選択に及ぼす影響、情報処理学会研究報告、Vol.
2022、No. 27、pp. 1-8
（木下裕一朗・関口祐豊・植木里帆・横山幸大・中村聡
史、2022年）

Lessons Learned from Data Preparation for Geo
graphic Information Systems using Open Data,
*OpenSym2018, Proceedings of the 14th Intern
ational Symposium on Open Collaboration*, Art
icle No. 1, Paris, France
（Iio, J.、2018年）

個人情報保護意識の向上を目的とした対戦型シリア
スゲームの開発：人対人、人対ChatGPTによる学習
効果の比較、インタラクション2024、pp. 118-125, 東
京 神保町
（小久保凜・大和田光紀・浜田敦・飯尾淳、2024年）

『ソフトウェア再利用の神話：ソフトウェア再利用の制
度化に向けて』
（Will Tracz著、畑崎隆雄・鈴木博之・林雅弘 訳／桐原
書店、2001年）

『Pythonによるデータ分析入門 第3版 ─pandas、
NumPy、Jupyterを使ったデータ処理』
Wes McKinney著、小林儀匡・瀬戸山雅人 訳／オライ
リー・ジャパン、2023年）

CHAPTER 2

TWtrends ─ A Visualization System on Topic
Maps Extracted from Twitter Trends, *IADIS Inter
national Journal on WWW/Internet*, Vol. 17, No. 2,
pp. 104-118
（Iio, J.、2019年）

Learning multiple layers of features from tiny ima
ges、https://www.cs.toronto.edu/~kriz/learning-
features-2009-TR.pdf
（Alex, K.、2009年）

『やさしく学べるサポートベクトルマシン ─数学の基
礎とPythonによる実践─』
（田村孝廣／オーム社、2022年）

CHAPTER 3

Torch: a modular machine learning software libr
ary.
（Collobert, R., Bengio, S., & Mariéthoz, J.、2002年）

The MNIST Database of Handwritten Digit Ima
ges for Machine Learning Research [Best of the
Web], in *IEEE Signal Processing Magazine*,
Vol. 29, No. 6, pp. 141-142
（Deng, L.、2012年）

『シックスシグマ・ウエイ 全社的経営革新の全ノウハウ』
(Peter S. Pande・Robert P. Neuman・Roland R. Cavanagh著、高井紳二 監訳、大川修二 訳／日本経済新聞社、2003年)

Mask R-CNN. In *Proceedings of the IEEE international conference on computer vision*, pp. 2961-2969
(He, K., Gkioxari, G., Dollár, P., & Girshick, R.、2017年)

Exploring the Frontier of Object Detection: A Deep Dive into YOLOv8 and the COCO Dataset, *2023 IEEE International Conference on Computer Vision and Machine Intelligence (CVMI)*, Gwalior, India, pp. 1-6
(Kumar, P. & Kumar, V.、2023年)

『PyTorchで作る！深層学習モデル・AI アプリ開発入門』
(我妻幸長 著／翔泳社、2022年)

CHAPTER 4

TensorFlow: Large-scale machine learning on heterogeneous systems、Software available from tensorflow.org
(Abadi, M., Agarwal, A., Barham, P., et al.、2015年)

TensorFlow r1.4のお知らせ、https://developers-jp.googleblog.com/2017/12/announcing-tensorflow-r14.html
(Google Developers、2017年)

tf.keras.layers.Dense、https://www.tensorflow.org/api_docs/python/tf/keras/layers/Dense、TensorFlow > API > TensorFlow v2.16.1 > Python
(TensorFlow、2024年)

Understanding dropout. *Advances in neural information processing systems*, 26
(Baldi, P. & Sadowski, P. J.、2013年)

Emotional Evaluation of Movie Posters, *The 21st International Conference on e-Society (ES2023)*, pp. 428-431, Lisbon, Portugal
(Hanagaki, T. & Iio, J.、2023年)

GiNZA-Universal Dependencies による実用的日本語解析. 自然言語処理, 27(3), 695-701.
(松田寛、2020年)

『Python, TensorFlowで実践する深層学習入門：しくみの理解と応用』
(Jon Krohn 著、鈴木賢治 監修、清水美樹 翻訳／東京化学同人、2022年)

CHAPTER 5

人はどこまで混濁した文章を理解できるのか？─タイポグリセミア度と文章理解に関する認知テストプラットフォームの提案─、第58回サイバーワールド研究会、CW2024-04、沖縄 久米島
(飯尾淳、2024年)

『機械仕掛けの愛 ママジン(1)』
(業田義家／小学館、2022年)

参考文献

CHAPTER 6

MediaPipe: A Framework for Perceiving and Processing Reality, *Third Workshop on Computer Vision for AR/VR at IEEE Computer Vision and Pattern Recognition (CVPR)*
(Lugaresi C, Tang, J, Nash, H. et al.、2019年)

『実践OpenCV 4 for Python: 画像映像情報処理と機械学習』
(永田雅人・豊沢聡 著／カットシステム、2021年)

『Artificial Intelligence Programming with Python: From Zero to Hero』
(Perry Xiao／Wiley、2022年)

Ultralytics YOLO11
https://github.com/ultralytics/ultralytics
(Glenn J. & Jing Q.、2024)

音声認識や音環境理解のための実環境音声・音響データベースの構築、人工知能学会、第13回AIチャレンジ研究会 SIG-Challenge-0113、pp. 55-62、東京 大久保
(西浦敬信・中村哲・比屋根一雄・飯尾淳・浅野太・山田武志・小林哲則・金田豊、2001年)

Development and validation of a facial expression database based on the dimensional and categorical model of emotions. *Cognition & Emotion*, 32, 1663-1670
(Fujimura, T. & Umemura, H.、2018年)

『オンライン化する大学 コロナ禍での教育実践と考察』
(飯尾淳 著／樹村房、2021年)

通じるという喜びと驚きともっと上手くという叫び、KELESジャーナル、関西英語教育学会、Vol. 8、pp. 18-26
(若林茂則・飯尾淳・クマラグル-ラマヤ・櫻井淳二、2023年)

An Evaluation of the Flipped Classroom Approach Toward Programming Education, *Journal of Information Processing (JIP),* Vol. 32, pp. 159–165(Iio, J.、2024年)

『Regulation (EU) 2024/1689 of the European Parliament and of the Council』
(EU、2024年)

『ITと数学(Software Design 別冊)』
(中井悦司ほか 著／技術評論社、2021年)

INDEX

A

adaptメソッド	153
AIエージェント	002
AI開発	007
AIの概念モデル	005
AIプログラミング	017, 048, 255
AIST顔表情データベース	236
Anaconda	015
Augmentation	174

B・C

best_params_メソッド	071
Bidirectionalレイヤー	159, 165
boxes属性	228
catコマンド	032
ChatGPT	181, 262
ChatPromptTemplateのfrom_messages()メソッド	194
chunk_overlap属性	192
CNN	262
COCO	122
cross_validate関数	070

D

DataLoaderクラス	093, 095, 103
Denseレイヤー	138
detector.detect_image()メソッド	244
draw_landmarks()メソッド	206
Dropoutレイヤー	138

E・F

evaluate()メソッド	144
face_rect()関数	248
featモジュール	242
fit()メソッド	079, 084, 143
forward()メソッド	107

G

GAN	262
Gemini	036
get_transform()関数	123
get_vocabulary()メソッド	155
Google Chromeの開発者ツール	099
Google Colaboratory xiii, 017, 018, 022, 027, 048, 064, 093, 132	
Googleドライブ	018, 021, 033
GPU	262

H・I

HDBSCAN	054
IMDB	147
imwrite()メソッド	240
Inputレイヤー	137
irisデータセット	067, 073

J・K

japanese-matplotlib	045
Jupyter Notebook	016, 023
Keras	134
k-Means法	054, 060
k-近傍法	059

L

LangChain	174
langchain-community	180
LangChain Expression Language (LCEL)	175
Large Language Model、LLM	007, 174, 263
Llama	010
llama 3	175
LMS (Learning Management System)	252
load_data()メソッド	134
load_iris関数	078
LSTM (Long Short Term Memory)レイヤー	160

INDEX

M

make_classification 関数	082
make_pipline 関数	078
make_regression 関数	070
map() メソッド	153
MarkDown 記法	017
Mask R-CNN	122
Matplotlib	045, 093, 118, 135
MeanShift ラスタリング	060
MediaPipe	200
MLP のモデル	107
mlxtend パッケージ	084
MNIST	093, 096, 100, 111, 134
mnist オブジェクト	134
MyDrive	033

N・O

nn.Linear クラス	106
NumPy	044, 066
NuSVC	085
NVIDIA ライブラリ	184
Ollama	175, 184
〜サーバー	177, 183
OllamaLLM	194
OpenAI	172
OpenCV	203

P

pandas	046, 066
panels 変数	213
PennFudanDataSet クラス	120
pip コマンド	040
plot_desision_regions 関数	086
plotting モジュール	084
process() メソッド	206
Py-Feat	233, 252

（右段）

pyenv	015
PyMuPDF	191
PyPI	046
Python	010, 012, 035, 037
〜コマンド	012
〜の実行環境	048
PyTorch	010, 092, 103

Q・R

Qwen2	194
RAG	189, 263
RBF（Radial Basis Function、放射基底関数）カーネル	086
read() メソッド	206
ReLU	138, 139
Retrieval Augmented Generation（RAG）	172
RNN（Recurrent Neural Network）	132, 263
〜のモデル	158
RunnablePassthrough オブジェクト	194

S

scikit-learn	010, 050, 055, 058, 064
seaborn	046, 074
Sentence-BERT モデル	192
Sequential モデル	136, 144
SparseCategoricalCrossentropy オブジェクト	142
StandardScaler オブジェクト	066, 078
Streamlit	098
SVR	061

T

T4 GPU	116
TensorFlow	010, 132
〜のレイヤー機能	158
TensorFlow_DataSets	150
TextVectorization レイヤー	153

Torch	092
TorchVision	113, 116
track() メソッド	230
train_test_split 関数	078
transforms	093
transform() メソッド	066, 079
trimOutside() 関数	211
Twitter	056
TWtrends	054, 056

U・V・Y

Ubuntu Linux	035
ultralytics.engine.results.Boxes オブジェクト	232
ultralytics.engine.results.Results 型のオブジェクト	227
VideoCapture() メソッド	205
Visual Studio Code	013
YOLO	218
yolo11n-seg.pt モデル	219

あ行

アップデート	014
アノテーション	009, 256
～データ	117
アルゴリズム	050, 054, 063, 256
アンサンブル回帰	061
アンサンブル分類器	059
異常値	008
イソメトリック・マッピング	062
依存関係	040
インタプリタ	012, 014, 041
インポート	042, 043, 093
エキスパートシステム	003, 256
エディタ	012, 013
エポック数	143, 162
エラー	043

エラスティックネット	061
オブジェクト	066
～指向	037
音声認識	256

か行

カーネル関数	081
カーネルトリック	077
カーネル近似法	059
回帰	050, 052, 058, 059
～アルゴリズム	061
～予測	006, 052
回帰分析	256
階層的クラスタリング	054
顔検出器	241
顔識別	100
顔認識	100, 202
過学習	010, 089, 257
学習	006, 007, 051
～データ	004, 009
確率的勾配降下法	061
可視化	057
画像認識	051, 094, 098, 099, 257
画像描画	127
活性化関数	139, 257
カテゴリ	058
～に分類	066
関数	041, 043
感性評価	149
キーワード	043
機械学習	037, 050, 055, 070, 094, 257
期待値	109
境界面	087
強化学習	257
教師あり学習	004, 007, 257
教師データ	004, 007, 059, 060, 064, 084

INDEX

～付き ……………………………… 122
～なし ……………………………… 122
教師なし学習 ……………… 004, 007, 054, 257
共有フォルダ ……………………………… 033
クラウドコンピューティング ……………… 027
クラスタリング ……… 054, 058, 059, 060, 247, 258
クラスの境界 ………………………………… 051
クラス分類 ……………………………………… 064
クラス分け ……………………………………… 006
グラフ ……………………………………… 045
グリッド検索 ……………………………………… 055
クロス検証 ……………………………………… 069
クロスバリデーション ……………………… 055, 069
形態素解析 ……………………………………… 154
検証結果のスコア ……………………………… 070
検証データ ……………………………………… 009
交差検証 ……………………………………… 069
勾配ブースティング ……………………… 051, 053
後方互換性 ……………………………………… 014
コーディング ……………………………………… 036
コードセグメント ………………………………… 026
誤判定 ……………………………………… 088
個別の判定例 ……………………………………… 112
コマンド ……………………………………… 013
コメント文 ……………………………………… 017
混合ガウスモデル ……………………………… 060

さ行

サーバー ……………………………………… 027
最近傍法 ……………………………… 051, 053
最適化 ……………………………………… 258
最適化器 ……………………………… 107, 126
再利用 ……………………………………… 037
サポートベクトルマシン（SVM）… 059, 060, 076, 258
散布図 ……………………………………… 083
サンプルデータ ……………………………… xiii

サンプルプログラム ……………………… 029
ジェスチャー認識 ……………………… 202
シェル ……………………………………… 095
　～のコマンド ……………………… 025
次元削減 ………… 054, 058, 059, 062, 078, 258
　～結果 ……………………………… 080
事前学習済みのモデル ……………… 124
自然言語 ……………………………… 056
　～処理 ……………………………… 159, 258
シックスシグマ ……………………… 115
実行環境 ……………………………… 012
自動運転 ……………… 005, 051, 101, 102
重回帰分析 ……………………………… 008
主成分分析 ……………………………… 054
出力ノード数 ……………………………… 106
冗長性 ……………………………… 054
数値計算 ……………………………… 044
スクラッチ ……………… 005, 007, 037
スペクトラル埋め込み ……………… 062
スペクトラルラスタリング ……… 060
正解率を計算 ……………………… 068
正規化 ……………………………… 056, 066
　～処理 ……………………………… 067
生成 ……………………………… 036
　～AI ……………………………… 258
責任あるAI ……………………… 258
積和演算 ……………………………… 139
セッションストレージ ……………… 033, 034
セットアップ方法 ……………………… 017
線形・非線形 ……………………… 259
線形SVM ……………………………… 077
線形回帰 ……………………………… 070
線形サポートベクトル分類器（Linear Support Vector Classifier、LinearSVC）……………… 084
線形な分離面 ……………………… 081
相関図 ……………………………… 074

ソースコード	016, 038	テキストデータ	147
ソフトウェア	039	テストデータ	009
ソフトマックス関数	141, 144, 259	転移学習	260
損失関数	259	電力消費	011
		統計処理	044
た行		特徴選択	054
タートルグラフィックス	024	特徴量	260
ターミナル	012	ドライブをマウント	030
第一次人工知能ブーム	002	トレーニングセット	166
大規模言語モデル	007	トレンド	056
第三次人工知能ブーム	003	ドロップアウト層	140
第二次人工知能ブーム	003		
タイポグリセミア	196	**な行**	
多次元のモデル	054	ナイーブベイズ	059
多層パーセプトロン（Multi-Layer Perceptron、MLP）		名前空間	043
	104	名寄せ	008
～の原理	105	二値交差エントロピー（BinaryCrossentropy）	160
多値判別器	068	日本語のラベル	045
単語空間	054	ニューラルネットワーク	003, 104, 260
チートシート	058	入力ノード数	106
チュートリアル	010, 117	ネットワーク	027
チューリングテスト	259	ノートブック	027, 030
直線回帰	053		
追加学習	128	**は行**	
ディープラーニング	260	バージョン	013, 040
ディストリビューション	015	～番号	014
ディレクトリ	038	ハイパーパラメータ	009
データサイエンス	015	パイプライン	066
データサイエンティスト	008	バウンディングボックス	228
データセット	260	パッケージ	038, 039
データの可視化	046	～名	041
データの変換	066	パラメータ	070, 260
データフレーム	046	～gamma	087, 089
データ分析	046	～の最適解	071
手書き文字認識	100	～の調整	089
テキストエンコーディング	156	ハルシネーション	003, 036, 173, 189, 261

271

INDEX

判別器 ‥‥‥‥‥‥‥‥‥‥‥ 006, 068, 122, 261
非線形カーネル ‥‥‥‥‥‥‥‥‥‥‥‥‥085
非線形サポートベクトル分類器 ‥‥‥‥‥‥‥086
非線形の分離面 ‥‥‥‥‥‥‥‥‥‥‥‥‥077
非負行列分解 ‥‥‥‥‥‥‥‥‥‥‥‥‥‥054
ヒューマン・コンピュータ・インタラクション ‥‥‥010
評価器 ‥‥‥‥‥‥‥‥‥‥‥‥‥‥‥‥ 107
表情分析 ‥‥‥‥‥‥‥‥‥‥‥‥‥‥‥ 234
ビルディングブロック ‥‥‥‥‥‥‥‥‥‥‥ 134
ファイルのアップロード ‥‥‥‥‥‥‥‥‥‥113
ファイルのパス ‥‥‥‥‥‥‥‥‥‥‥‥‥032
ファイルへアクセス ‥‥‥‥‥‥‥‥‥‥‥ 031
物体追跡 ‥‥‥‥‥‥‥‥‥‥‥‥‥‥‥ 232
物体認識 ‥‥‥‥‥‥‥‥ 009, 098, 122, 219
プリプロセッシング ‥‥‥‥‥‥‥‥‥‥‥056
フレーム ‥‥‥‥‥‥‥‥‥‥‥‥‥ 248, 252
　〜を切り出す ‥‥‥‥‥‥‥‥‥‥‥‥‥239
フレームワーク ‥‥‥‥‥‥‥‥‥‥‥‥‥007
フローチャート ‥‥‥‥‥‥‥‥‥‥‥‥‥059
プログラマー ‥‥‥‥‥‥‥‥‥‥‥ 012, 181
プログラミング ‥‥‥‥‥‥‥‥‥‥‥‥‥002
　〜言語 ‥‥‥‥‥‥‥‥‥‥‥‥ 010, 037
　〜の工数 ‥‥‥‥‥‥‥‥‥‥‥‥‥‥037
プロジェクト ‥‥‥‥‥‥‥‥‥‥‥‥‥‥015
プロンプト ‥‥‥‥‥‥‥‥‥‥‥‥‥‥‥005
分離面 ‥‥‥‥‥‥‥‥‥‥‥‥‥‥‥‥077
分類 ‥‥‥‥‥‥‥‥‥ 050, 054, 058, 261
分類器 ‥‥‥‥‥‥‥‥‥‥‥‥‥‥‥‥078
ベクトルデータベース ‥‥‥‥‥‥‥‥‥‥ 261
変分ベイズ法 GMM ‥‥‥‥‥‥‥‥‥‥‥ 060
歩行者データ ‥‥‥‥‥‥‥‥‥‥‥‥‥ 119

ま行
マージン ‥‥‥‥‥‥‥‥‥‥‥‥‥‥‥077

マウント ‥‥‥‥‥‥‥‥‥‥‥‥‥ 027, 030
前処理 ‥‥‥‥‥‥‥‥‥‥‥‥ 007, 055, 066
マルチモーダル AI ‥‥‥‥‥‥‥‥‥‥‥ 261
未学習のモデル ‥‥‥‥‥‥‥‥‥‥‥‥ 141
ミニバッチ k-Means 法 ‥‥‥‥‥‥‥‥‥ 060
未来のデータを予測 ‥‥‥‥‥‥‥‥‥‥‥052
モジュール ‥‥‥‥‥‥‥‥‥‥‥‥ 039, 042
　〜名 ‥‥‥‥‥‥‥‥‥‥‥‥‥‥‥‥043
モデル ‥‥‥‥‥‥‥‥‥‥‥‥‥‥ 052, 261
　〜のフィッティング ‥‥‥‥‥‥‥‥‥‥ 064

や・ら・わ行
予測器 ‥‥‥‥‥‥‥‥‥‥‥‥‥‥ 006, 262
弱い AI ‥‥‥‥‥‥‥‥‥‥‥‥‥‥‥ 262
ライブラリ ‥ 005, 007, 014, 015, 036, 037, 040, 041,
　048, 255, 262
ラッソ回帰 ‥‥‥‥‥‥‥‥‥‥‥‥‥‥ 061
ラベル ‥‥‥‥‥‥ 004, 007, 009, 054, 064, 153
ランタイム ‥‥‥‥‥‥‥‥‥ 034, 035, 116, 161
ランダムフォレスト ‥‥‥‥‥‥‥‥ 051, 053, 064
　〜回帰 ‥‥‥‥‥‥‥‥‥‥‥‥‥‥ 071
ランドマーク検出 ‥‥‥‥‥‥‥‥‥‥‥‥ 202
リアルタイム ‥‥‥‥‥‥‥‥‥‥‥‥‥‥005
リグレッション ‥‥‥‥‥‥‥‥‥‥‥‥‥052
リッジ回帰 ‥‥‥‥‥‥‥‥‥‥‥‥ 053, 061
量 ‥‥‥‥‥‥‥‥‥‥‥‥‥‥‥‥‥‥058
領域セグメンテーション ‥‥‥‥‥‥‥‥‥‥ 126
倫理的な配慮 ‥‥‥‥‥‥‥‥‥‥‥‥‥007
類似度 ‥‥‥‥‥‥‥‥‥‥‥‥‥‥‥‥057
レイヤー ‥‥‥‥‥‥‥‥‥‥‥‥‥‥‥ 137
ローカル線形埋め込み ‥‥‥‥‥‥‥‥‥‥062
ロジスティック回帰 ‥‥‥‥‥‥‥‥ 051, 067
ロジット ‥‥‥‥‥‥‥‥‥‥‥‥‥‥‥ 141
ワイルドカード ‥‥‥‥‥‥‥‥‥‥‥‥‥042